INFO ABOUT RIGHTS

ISBN-13: 978-1522994718

ISBN-10: 1522994718

TÉCNICAS DE MECANIZADO
Montaje y mantenimiento

Miguel D'Addario

Segunda edición

2016
Comunidad
Europea

INDICE GENERAL

U.D. 1 DIBUJO TÉCNICO

UD 1

ÍNDICE

INTRODUCCIÓN

El dibujo técnico es una tarea de designación de forma inequívoca de cualquier pieza, conjunto o instalación que se pueda realizar; a diferencia del dibujo artístico, se han de usar técnicas normalizadas.

Cualquiera que sepa interpretar un dibujo técnico será capaz de realizar la pieza representada sin lugar a posibles interpretaciones, es decir un dibujo técnico bien realizado sólo puede representar una posibilidad y definir correctamente los aspectos fundamentales de la pieza a fabricar, dimensiones, materiales, acabados superficiales, mecanizados, colores, resistencia, tratamientos térmicos, etc.

En esta unidad didáctica aprenderemos a realizar planos de piezas, vistas y daremos un repaso a los planos de construcción, muy importantes en la tarea de realización de instalaciones sobre la edificación.

OBJETIVOS

- Conocer los útiles de dibujo y gastarlos correctamente.

- Conocer y estudiar los sistemas de representación gráfica empleando vistas (alzado, planta y perfil).

- Saber interpretar la perspectiva de las piezas, y la realización de las vistas.

- Interpretar y realizar planos con secciones, cortes y roturas.

- Localizar y conocer la procedencia de los símbolos más empleados en los acabados superficiales, simbología frigorífica, fontanería, climatización, eléctrica, neumática e hidráulica.

- Conocer las técnicas de croquización y realizar croquis a mano alzada.

- Interpretar y aplicar las normas empleadas en la acotación de croquis y planos.

- Conocer y utilizar correctamente los elementos que usados en la acotación (líneas auxiliares y de cota, símbolos, cifras, etc.).

1. SOPORTES FÍSICOS PARA EL DIBUJO Y FORMATOS

Una lámina de papel u otra sustancia empleada para el dibujo como poliéster, vegetal…, que tiene tamaño, dimensiones y márgenes normalizados es un Formato.

Las normas UNE 1011 y DIN 823 normalizan las dimensiones de los Formatos. Según las dimensiones del dibujo a representar debemos elegir los formatos necesarios.

Utilizar formatos de dibujo normalizado tiene las siguientes ventajas:

* En el archivado encontramos la unificación del tamaño de los formatos.

* Facilitar su manejo.

* Adaptar los dibujos a los distintos formatos.

* Al reducir un formato, éste se hace de forma uniforme y el resultante aclara totalmente la definición del elemento representado.

* Se gestionan los planos con eficiencia y su plegado no resulta nada problemático.

Las Reglas de Referencia y Semejanza

Referencia

La referencia se realiza con letras y números; la letra indica la norma y el número, el tamaño.

Semejanza

Todos los formatos son semejantes entre sí. La relación de ambos lados es igual que la del lado del cuadrado a su diagonal. La relación de los dos lados es, por tanto, $X:Y=1:sqrt(2)$.

Tipos de Formatos

Los formatos se obtienen siempre doblando en dos el anterior.

Serie principal UNE 1011 y DIN 476

Los formatos de esta serie se denominan por la letra A y van seguidos por un número correlativo.

Algunos de los más utilizados son:

Formato UNE 1011 Serie A	Láminas Cortadas	Lámina en Bruto	Ancho de rollo utilizable
A0	841 x 1189	880 x 1230	900
A1	594 x 841	625 x 880	900 / 660
A2	420 x 594	450 x 625	900 / 660
A3	297 x 420	330 x 450	660 / 900
A4	210 x 297	240 x 330	660

Generalmente se toma como norma la posición vertical en la norma A4. En los cajetines la medida en lo ancho de 185mm sería la norma.

Serie Auxiliar

Las series auxiliares B y C se utilizan para los tamaños de carpetas, sobres etc.

Los formatos de la serie B están relacionados con los de la serie A de la siguiente manera: sus lados son los medios geométricos de cada dos consecutivos de la serie A.

Y los medios geométricos de las series A y B corresponden a la serie C.

Algunos de los más utilizados son:

Formato	Medidas (mm.)	Formato	Medidas (mm.)
B0	1000 x 1414	C0	917 x 1297
B1	707 x 1000	C1	648 x 917
B2	500 x 707	C2	458 x 648
B3	353 x 500	C3	324 x 458
B4	250 x 353	C4	229 x 324

Plegado de planos

Cuando tenemos planos mayores al A4 éstos se adaptan a este tamaño realizando el plegado.

Las normas para poderlo realizar serían las siguientes:

Tiene un ancho máximo de 210 y un alto máximo de 297.

El cajetín debe verse perfectamente y, por tanto, debe quedar en la parte anterior.

El primer doblado se hace hacia la izquierda y el segundo hacía atrás. El resto se hace uno hacia la derecha y otro hacia la izquierda de modo alternativo, empezando desde el cajetín.

14

2. ROTULACIÓN NORMALIZADA

Las letras, signos, números, etc., son empleados en los dibujos para designar cotas, nombres de dibujos, establecer referencias y demás aplicaciones; deben seguir unas normas básicas, de forma que cualquiera que observe el plano sea capaz de interpretar su contenidos sin tener que hacer un esfuerzo adicional de interpretación.

La norma que establece las proporciones y construcción de los elementos a usar en la rotulación de planos es la Norma UNE 1.034.

En las normas nos definirán los tipos de escritura normalizada, la altura nominal de las letras, el espesor de los trazos, la anchura de las letras, la distancia entre líneas, la distancia entre letras, etc.

Actualmente, casi todos los dibujos están realizados con programas de ordenador que incorporan muchos tipos de fuentes (Tipos de letra) que suelen estar normalizados, solucionando automáticamente el problema de la rotulación.

Escritura Inclinada

Es un efecto estético que se le da a los números o letras; los trazos verticales tienen una inclinación de 75°.

Fig.1.

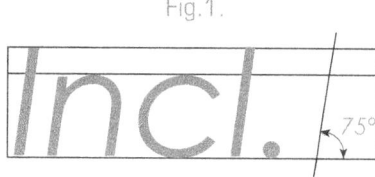

Escritura Vertical

En este caso la inclinación de las letras respecto de la horizontal es de 90°.

Fig. 2.

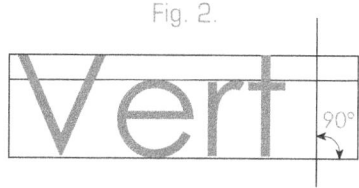

15

La proporción de alturas

Se denomina altura nominal del texto a la altura de las letras mayúsculas, las minúsculas altas y los números.

Cada altura de letra tiene una aplicación y generalmente se aplica:

Entre 2 y 4 mm para acotaciones y notaciones.

Entre 5 y 10 mm para rótulos y denominaciones.

Entre 12 y 25 mm para grandes rótulos.

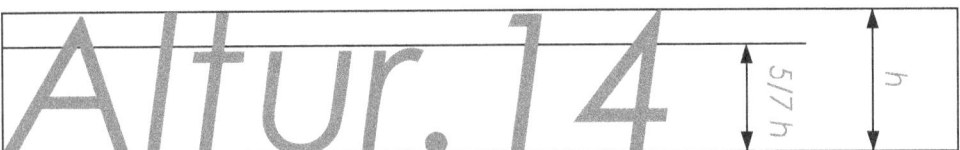

La altura nominal es la de las mayúsculas y la de las minúsculas es de 5/7 la nominal.

3. ESCALAS DE USO EN EL DIBUJO INDUSTRIAL Y DE INSTALACIONES

Esta claro que el poder dibujar los objetos a su tamaño real es casi siempre imposible, bien por ser excesivamente grande, con lo cual no se podría representar en el papel, o bien por ser muy pequeño y no poderse ver de un modo claro.

Todo esto queda resuelto con el uso de la ESCALA. De este modo, los objetos quedan claramente representados en el dibujo, bien ampliándolos o bien reduciéndose.

Se define ESCALA como la relación entre la dimensión dibujada respecto de la dimensión real

$$E = dibujo/realidad$$

Así encontramos:

Escala de ampliación, cuando el numerador de la fracción es mayor que el denominador.

Escala de reducción, el caso contrario, cuando el numerador es menor que el denominador.

Escala natural, cuando un objeto se encuentra dibujado a su tamaño real, sería la escala 1:1.

Escala gráfica

Se utiliza un método sencillo para aplicar una escala, éste está basado en el Teorema de Thales.

Ejemplo para el caso 3:5

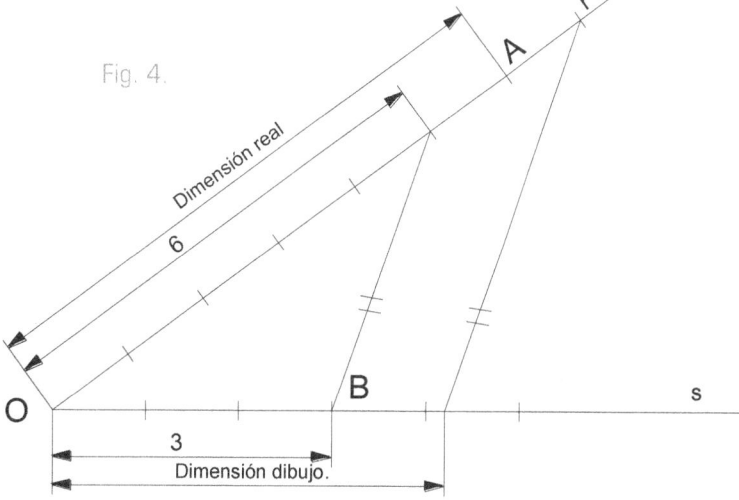

Fig. 4.

17

Con origen en un punto O cualquiera, se dibujan dos rectas r y s formando un ángulo cualquiera.

Se representa el denominador de la escala en la recta r y el numerador sobre la recta s. Obtenemos dos segmentos, cuyos extremos llamamos A y B.

Una dimensión real situada sobre la recta r se convierte en el dibujo con una simple paralela al segmento AB.

Escalas normalizadas

En teoría, se puede utilizar cualquier escala, pero es mucho más práctico utilizar escalas normalizadas que nos permiten el uso de reglas o escalímetros de un modo fácil.

Estos valores son:

Ampliación: 2:1, 5:1, 10:1, 20:1, 50:1……

Reducción: 1:2, 1:5, 1:10, 1:50…

En construcción se emplean ciertas medidas intermedias, tales como:

1:25, 1:30, 1:40, etc.

Uso del escalímetro

Un escalímetro es una regla que habitualmente mide 30 cm y cuya sección tiene forma de estrella de 6 facetas o caras. Cada cara va graduada con escalas diferentes, que con bastante frecuencia suelen ser:

1:100, 1:200, 1:250, 1:300, 1:400, 1:500

Por supuesto estas escalas también nos valdrán para valores que resulten de multiplicar o dividir por 10. Por ejemplo, la escala 1:200 también nos vale para planos a escala 1:20 y 1:2000.

Para un plano escala 1:300, se aplica la escala correspondiente del escalímetro y las indicaciones numéricas que en éste se leen son los metros reales que se están representando.

Y en el caso de un plano a E 1:2000 se aplica la escala 1:200 y se tendrá que multiplicar por 10 la lectura del escalímetro. Si una dimensión dibujada posee 17 unidades del escalímetro, en la realidad estamos midiendo 170 m.

Según todo esto, podemos deducir que la escala 1:100 es también la 1:1, que la empleamos normalmente como regla en cm.

4. REPRESENTACIÓN Y ACOTADO.
VISTAS, CORTES Y SECCIONES

Llamamos vistas principales de un objeto a las proyecciones ortogonales del mismo sobre 6 planos, dispuestos en forma de cubo.

La norma UNE 1–032–82, "Dibujos técnicos: Principios generales de representación", equivalente a la norma ISO 128–82 recoge las reglas a seguir para la representación de las vistas.

Un observador se puede situar respecto al objeto según indican las seis flechas y de este modo obtendría las seis vistas posibles de un objeto.

Estas vistas se llaman:

A: Vista de frente o alzado

B: Vista superior o planta

C: Vista derecha o lateral derecha

D: Vista izquierda o lateral izquierda

E: Vista inferior

F: Vista posterior

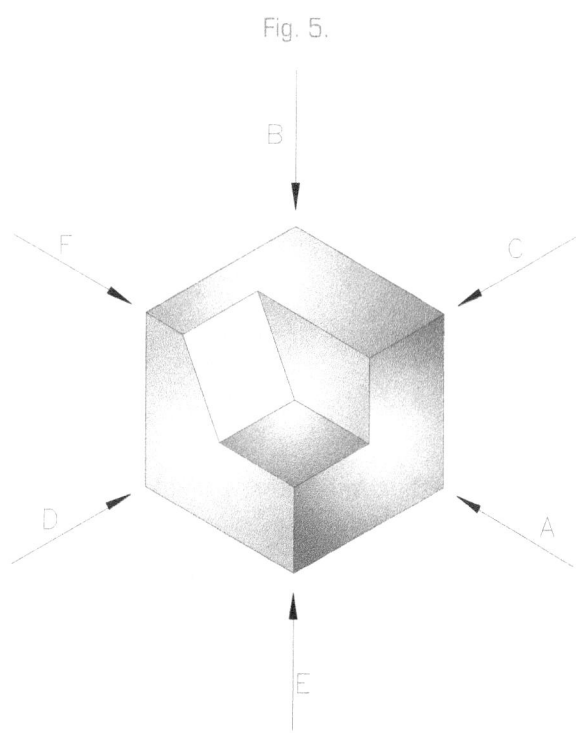

Fig. 5.

Posiciones relativas de las vistas

Existen dos variantes de proyección ortogonal para poder representar las vistas sobre el papel:

El método de proyección del primer diedro, o Europeo.

El método de proyección del segundo diedro, o Americano.

En los dos métodos se supone al objeto dentro de un cubo y en sus caras se realizan las proyecciones ortogonales del mismo.

La diferencia está en dónde está situado el observador: En el caso americano está entre el objeto y el plano, mientras que en el Americano el plano es el que se encuentra entre el objeto y el observador.

Fig. 6.   Fig. 7.

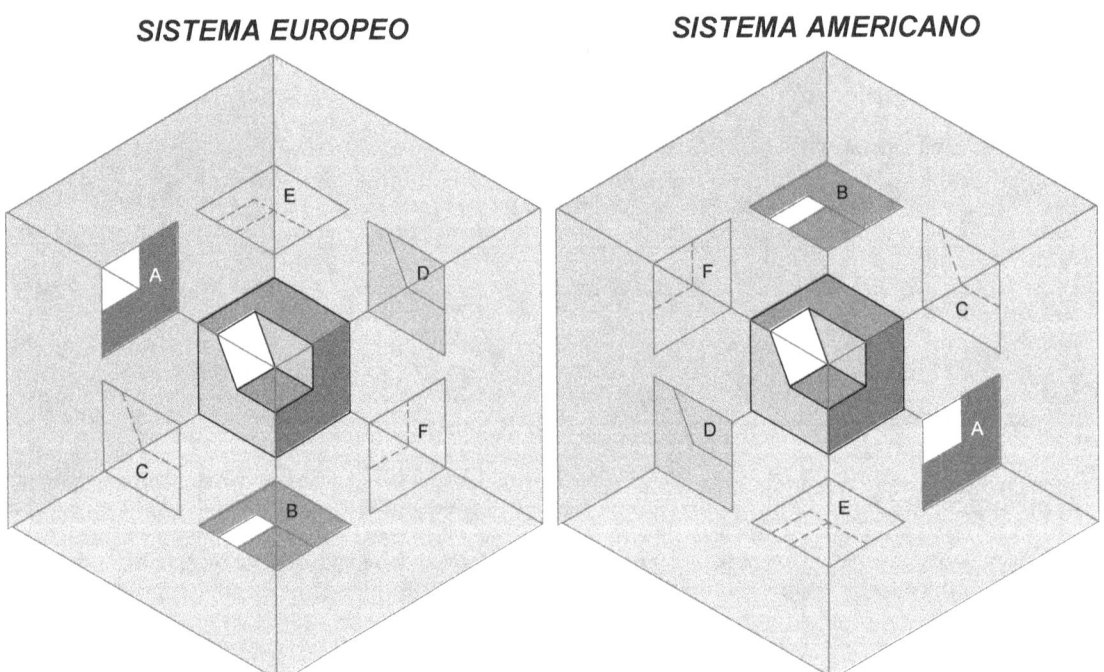

SISTEMA EUROPEO   **SISTEMA AMERICANO**

Cuando ya tenemos las seis proyecciones, pasamos a obtener el desarrollo del cubo, manteniendo fija la cara del alzado (D).

Este desarrollo del cubo nos da en un plano único las seis vistas del objeto.

20

Fig. 8. **Sistema europeo**.

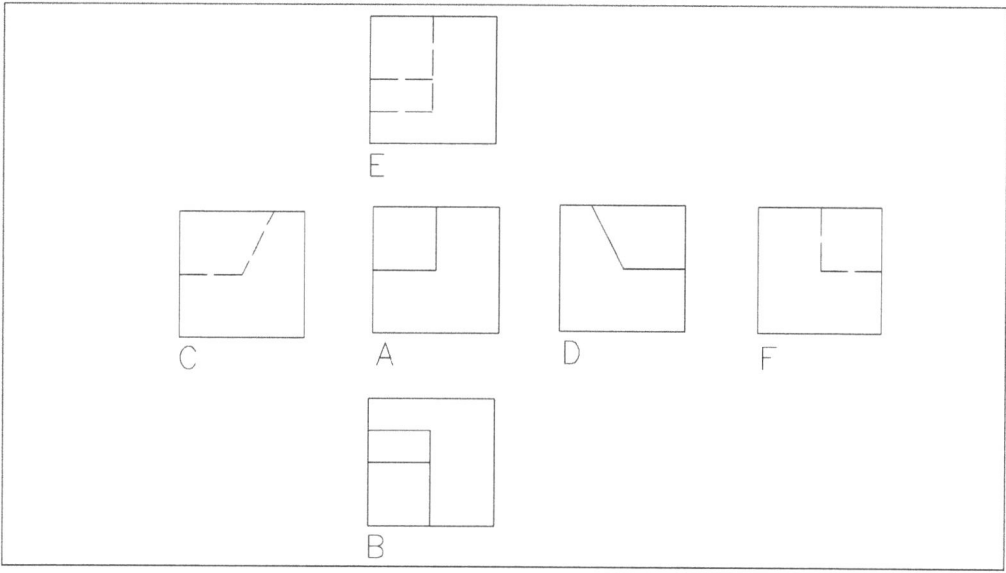

Fig. 9. **Sistema americano**.

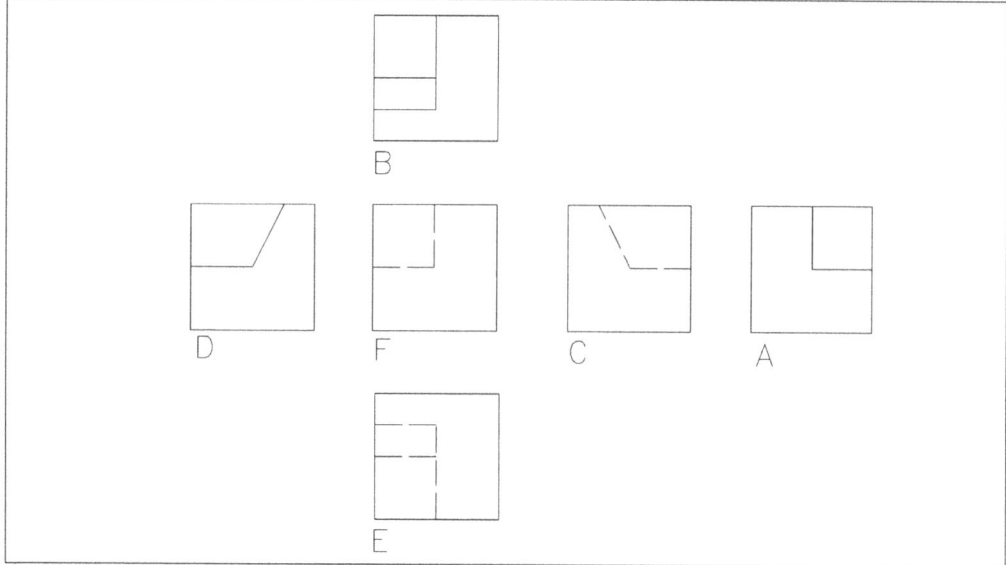

Claro está que existe una correspondencia entre las vistas, estando relacionadas de la siguiente forma:

La vista alzado, lateral izquierda y lateral derecha y la posterior, coinciden en alturas.

La planta, la vista inferior y lateral izquierda y lateral derecha en profundidad.

Y por último el alzado, planta, vista posterior e inferior en anchuras.

Con tan sólo el alzado, planta y un perfil, de forma habitual, queda definida una pieza. Además, según las correspondencias anteriores a partir de dos vistas, se pude obtener una tercera.

Por último, hay que tener en cuenta que cada una de las vistas debe ocupar en el dibujo su lugar correspondiente, ya que de cualquier otro modo, aunque éstas estén perfectamente dibujadas no definen la pieza.

Elección de las vistas de un objeto, y vistas especiales.

Elección del alzado

El alzado, según la norma UNE 1–032–82, debe representar la vista más representativa del objeto. Esta vista representará el objeto en su posición de trabajo y si se puede utilizar en cualquier posición, entonces se representará en la posición de montaje.

Si aún así no hemos determinado qué vista va a ser el alzado, tendremos en cuenta que:

1. Se pueda aprovechar del mejor modo la superficie del dibujo.

2. Tenga el menor número de aristas ocultas.

3. Nos facilite la representación del resto de las vistas.

En la figura 10, por ejemplo, el alzado debería ser el señalado, ya que de este modo podemos distinguir la inclinación de la cola de milano, el agujero central y la ranura superior.

Figura 10.   Figura 11.

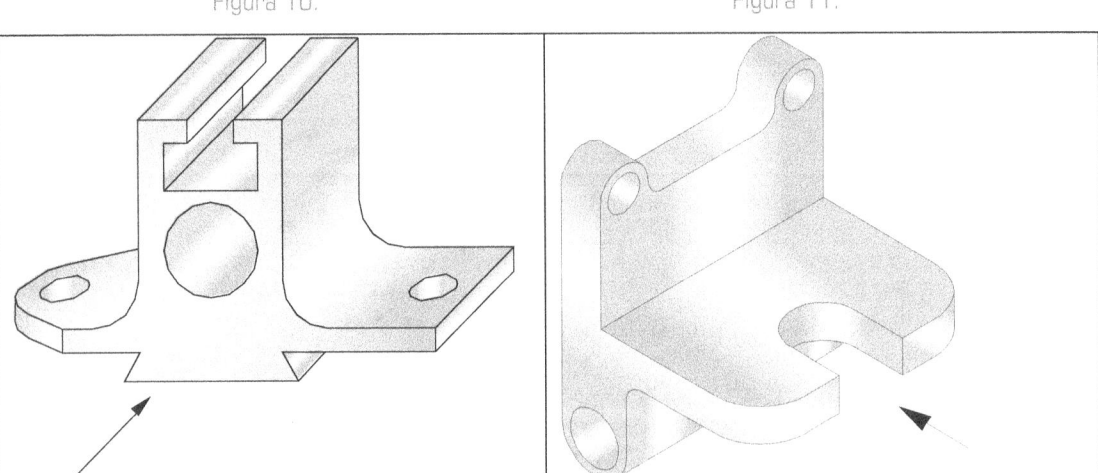

En la figura 11, eligiendo el alzado señalado, habremos elegido la vista más representativa de la pieza; en cualquier caso, necesitaremos tres vistas, alzado, planta y perfil.

Elección de las vistas necesarias

La cantidad de vistas utilizadas debe ser **suficiente, mínima y adecuada** para que la pieza quede total y correctamente definida; las vistas elegidas deben de ser lo más simples y claras posibles, evitando aquellas que tengan aristas ocultas. Normalmente, de no ser que sean piezas complicadas, utilizaremos tres vistas: alzado, planta y perfil, en éste último, si es indiferente la vista lateral izquierda o derecha, se optará por la primera. En piezas más sencillas se optará por una o dos vistas.

En piezas sencillas, donde nos baste el alzado y la planta o el alzado y el perfil, se elegirá la opción más sencilla y que nos ayude más a su interpretación.

Otras piezas pueden ser representadas con una sola vista En estos casos es habitual hacer indicaciones que completan la interpretación de la vista:

1. Cuando se representan piezas de revolución se incluye el símbolo del diámetro.

2. En piezas prismáticas, el símbolo del cuadrado o cruz de San Andrés.

3. En piezas de espesor uniforme, haríamos una especificación.

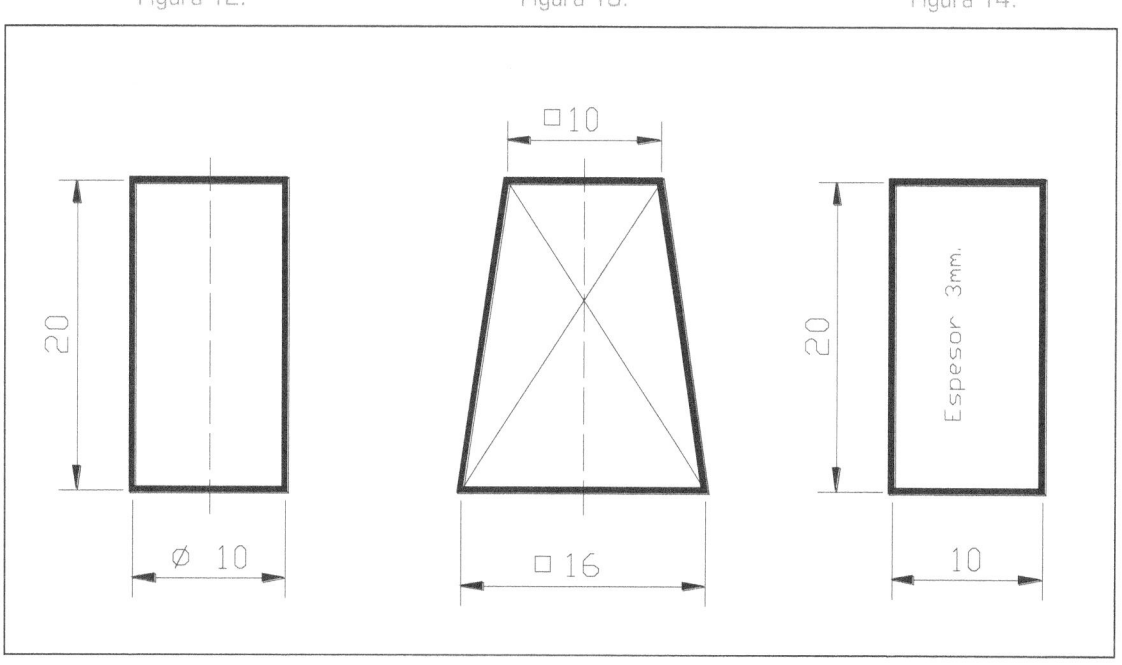

Figura 12.　　　　　Figura 13.　　　　　Figura 14.

Vistas Especiales

En objetos de características especiales se puede realizar una serie de representaciones especiales de las vistas de un objeto que nos aclaran su interpretación de un modo más directo; enumeramos los diferentes tipos a continuación.

Vistas de piezas simétricas

En piezas con uno o más ejes de simetría, se puede dibujar una fracción de su vista. La traza del plano de simetría que limita el contorno de la vista se marca en cada uno de sus extremos con dos pequeños trazos finos paralelos, perpendiculares al eje (Fig. 15). Otra opción es alargar un poco las aristas más allá del plano del simetría; entonces no harían falta los trazos perpendiculares al eje de simetría (Fig. 16).

Figura 15.   Figura 16.

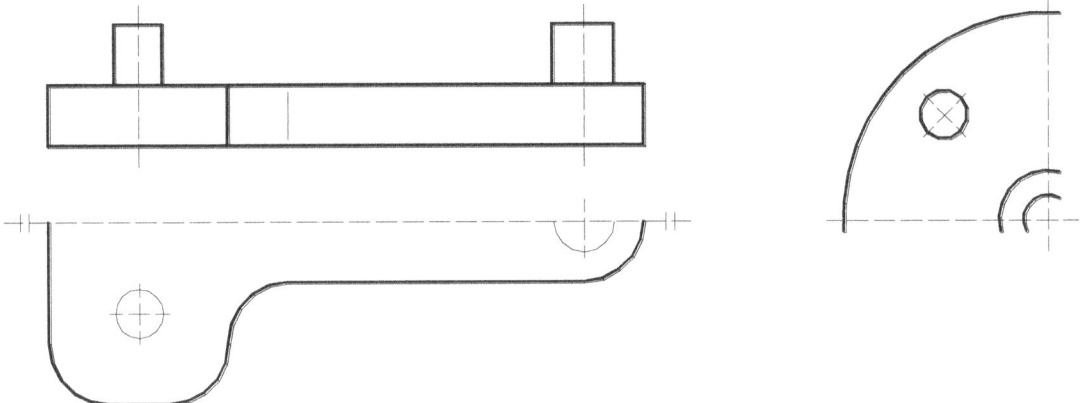

Vistas de detalles

Las vistas de detalle se utilizan para dibujar un detalle que no queda bien definido o para ampliar las dimensiones de un detalle de la pieza que no queda suficientemente claro.

En el primer caso, la vista del detalle se crea indicando la visual que la creó, con una flecha y una letra mayúscula. En la vista del detalle se indica esta letra y se limita con una línea fina realizada a mano alzada (Figura 17).

En el segundo caso, la zona ampliada se indica con un círculo con línea fina y una letra mayúscula, en la vista del detalle, que será una vista ampliada, se situará esta letra y la escala utilizada (Figura 18).

Figura 17.
Figura 18.

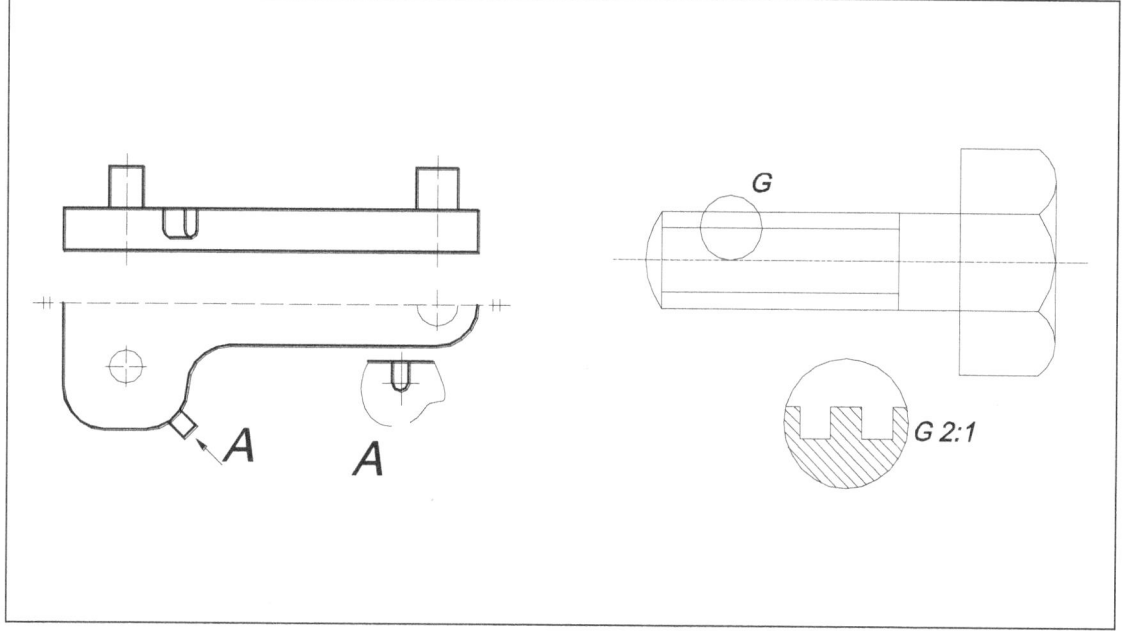

Vistas giradas

Se utilizan normalmente en piezas que tienen brazos que forman ángulos diferentes de 90° respecto a las direcciones principales de los ejes. Se dibujan dos vistas: una en posición real y la otra eliminando el ángulo de inclinación del detalle.

Figura 19.

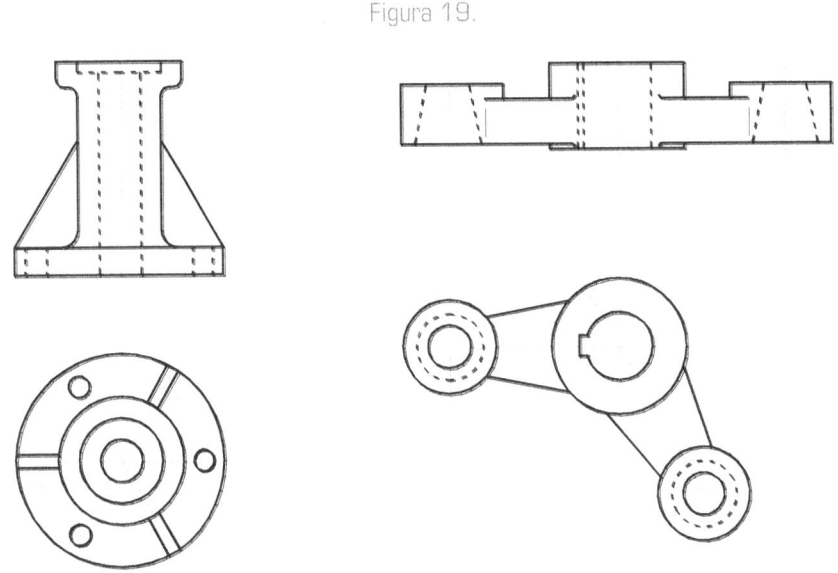

Vistas desarrolladas

En piezas con un doblado o curvado, realizaremos una vista de cómo era el objeto y qué dimensiones tenía antes de realizar el proceso que la modificó. Esta representación se realiza con línea fina de trazo y doble punto.

Figura 20.

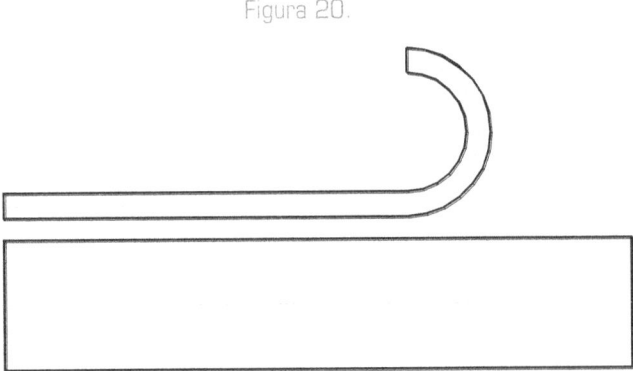

Vistas auxiliares oblicuas

En ocasiones, puede haber elementos oblicuos respecto a los planos de proyección. Éstos pueden aparecer deformados, y para poder evitar esto, su proyección se realizará en planos auxiliares oblicuos. Esta proyección sólo afectará a la zona oblicua; este elemento quedará definido con una vista normal completa y otra parcial. Si el elemento es oblicuo respecto cualquier plano de proyección, habrá que realizar dos cambios de planos. Utilizando dos vistas auxiliares.

Si esto ocurre en secciones interiores, entonces deberíamos realizar un corte auxiliar oblicuo, que se proyectará paralelo al plano de corte y abatido. En el corte no se representan las vistas exteriores y sólo se dibuja el contorno y las aristas que aparecen como consecuencia de éste.

Figura 21. Figura 22.

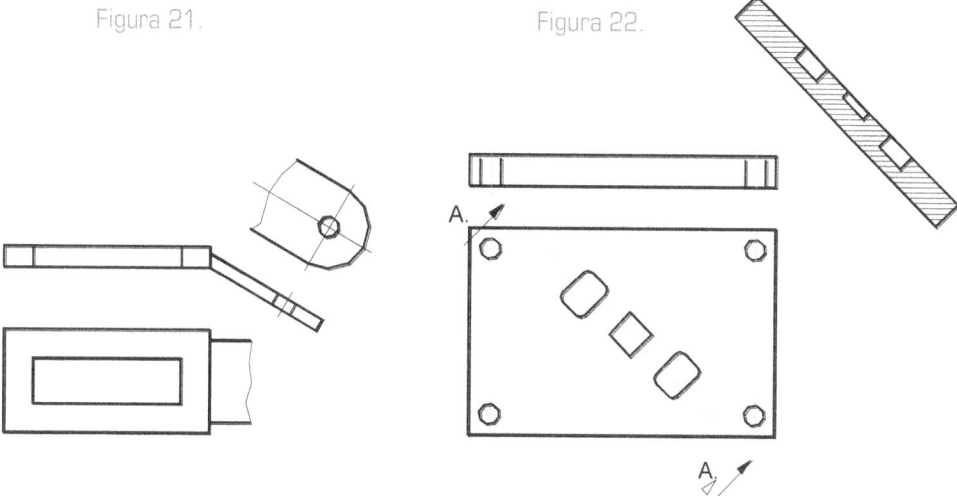

Intersecciones ficticias

En el caso de chaflanes, redondeos y piezas obtenidas por doblado o intersecciones de cilindros, las líneas de intersección se representan con una línea fina que no toque los límites de las piezas.

Figura 23.

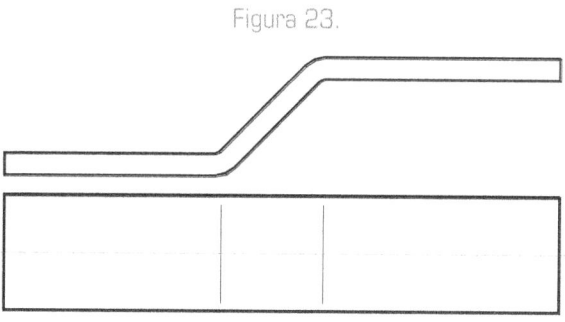

Cortes, secciones y roturas

En piezas muy complejas, donde pueden quedar una gran cantidad de aristas ocultas y con la incapacidad de poder acotar sobre éstas de modo adecuado, la solución nos viene dada al realizar cortes y secciones.

A veces lo que realizamos son roturas en piezas tan largas que nos resulta difícil representar sobre el plano.

Las reglas para realizar todo esto se hallan en la norma UNE 1–032–82, "Dibujos técnicos: Principios generales de representación", equivalente a la norma ISO 128–82.

Realizamos un corte cuando al representar una pieza eliminamos parte de ésta. Para ello, a partir de uno o varios planos de corte eliminamos la parte de la pieza más cercana al observador.

Las aristas interiores afectadas por el corte se dibujan con el mismo espesor que las aristas vistas, y la superficie interior cortada se representa con un rayado.

La sección es la intersección del plano de corte con la pieza, no se representa el resto de la pieza que queda detrás de la misma.

Línea de rotura en los materiales

Cuando estamos dibujando objetos que son largos y uniformes y hay partes que no son significativas para su identificación, podemos utilizar líneas de rotura, que nos permiten ahorrar espacio de representación.

Las roturas están normalizadas y son las siguientes:

Hay dos tipos: una línea fina a mano alzada y un poco curvada (Fig. 24) y otra indicada en la figura 25 utilizada en ordenador.

Si las piezas tienen forma de cuña o pirámide, se utiliza la línea anterior manteniendo la inclinación de las aristas fig 26 y fig 27.

Si la pieza es de madera, la línea de rotura será en zig-zag (Fig. 28).

Si es cilíndrica maciza, con una lazada (Fig. 29).

Sí es cónica, como la anterior, pero cada lazo de distinto tamaño (Fig. 30).

Sí es cilíndrica, pero hueca, con una doble lazada indicando el diámetro interior y exterior (Fig. 31).

Si tiene una configuración uniforme, la línea de rotura será una línea de trazo y punto fina (Fig. 32).

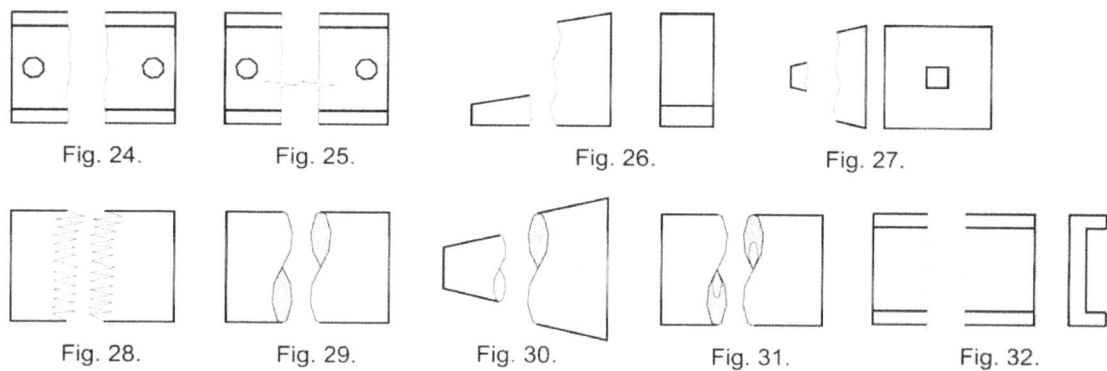

Fig. 24.   Fig. 25.   Fig. 26.   Fig. 27.

Fig. 28.   Fig. 29.   Fig. 30.   Fig. 31.   Fig. 32.

Representación de la marcha de un corte

Cuando el corte es evidente no indicamos nada, salvo una línea de trazo y punto fino, que se representará con trazos gruesos en sus extremos y cambios de dirección

En los extremos del corte se indican dos flechas según el sentido de observación, así como una letra mayúscula en cada extremo, que puede estar repetida o ser consecutiva. En la vista afectada del corte se indica las letras que definen el corte

Un corte se puede realizar con diferentes tipos:

Fig. 33, un solo plano.

Fig. 34, planos paralelos.

Fig. 35, planos sucesivos.

Fig. 36, planos concurrentes, uno de ellos se gira antes del abatimiento.

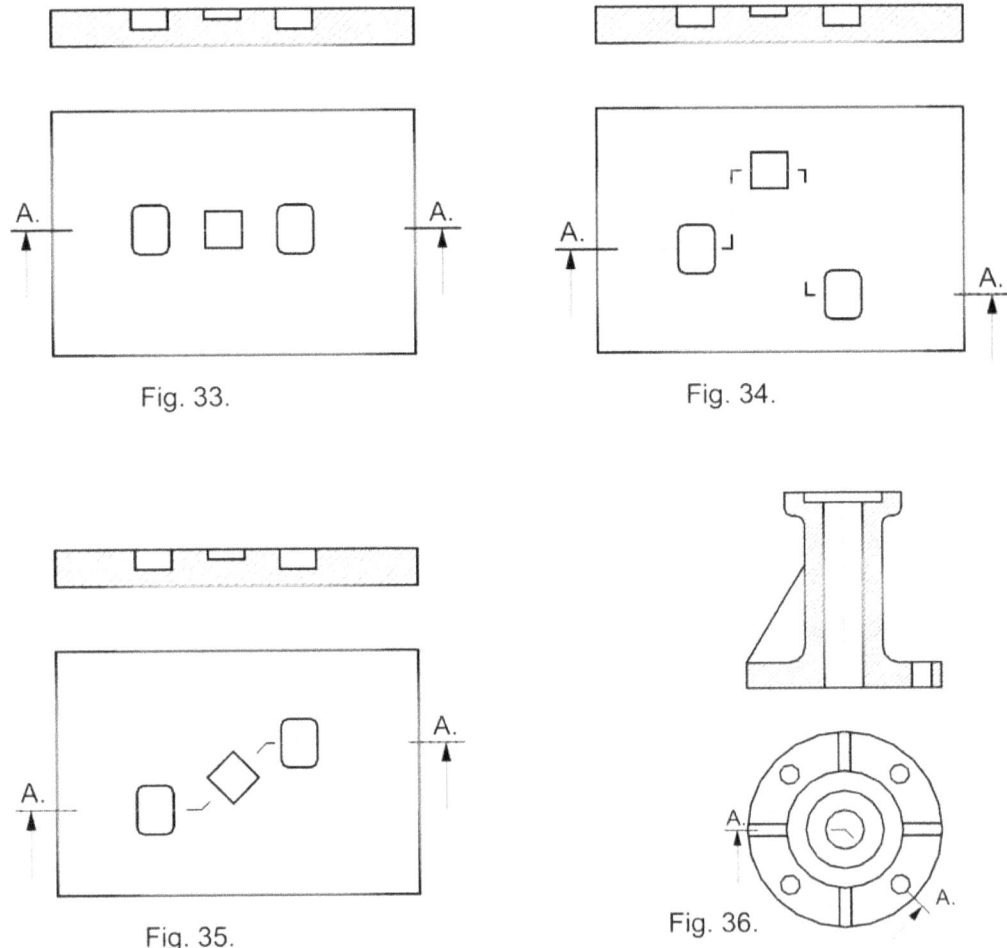

Fig. 33.

Fig. 34.

Fig. 35.

Fig. 36.

5. ACOTACIÓN NORMALIZADA DE LAS PIEZAS

La acotación es el proceso de anotar con líneas, cifras, signos y símbolos las medidas de un objeto siguiendo una serie de normas.

Para acotar convenientemente, aparte de conocer estas normas, debemos saber también todo aquello referente a la pieza –cómo ha sido creada, etc.– así como la utilización de cada uno de los dibujos en los cuales la representamos, o sea, para realizar su fabricación, para comprobar su buena realización una vez fabricada, etc.

Aquí daremos una serie de normas para una buena acotación, pero es la práctica la que nos dará la experiencia para poder lograrla.

Las indicaciones de cota de una pieza deben ser mínimas, suficientes y adecuadas para poder fabricarla.

Los principios generales de la acotación son:

Una cota se indica una vez, de no ser indispensable repetirla.

No debe omitirse ninguna.

Las dimensiones de aquellas formas que resulten del proceso de fabricación no se acotarán.

Las cotas se colocan en las vistas que representan más los elementos.

No se acotarán, generalmente, aristas ocultas.

Las cotas se distribuyen teniendo en cuenta el orden y la estética, así como que queden lo más claras posibles

Todas las cotas se utilizan en las mismas unidades; de no ser así, debe indicarse.

Las cotas se sitúan, por norma general, en el exterior de la pieza.

Las cotas relacionadas, como el diámetro y profundidad de un agujero, se indican sobre la misma vista.

Debe evitarse el obtener cotas de operar con otras.

Aparte de la cifra de cota utilizamos otros elementos, como líneas y símbolos. Todas las líneas utilizadas en la acotación se realizarán con el espesor más fino.

Los elementos básicos de una acotación son:

Líneas de cota: Son líneas paralelas a la superficie de la pieza

Cifras de cota: El número que representa la magnitud. Está situado en el centro de la línea de cota, sobre la misma o interrumpiendo dicha línea.

Símbolo de final de cota: Es un símbolo que determina el final de la línea de cota. Este símbolo puede ser una punta de flecha, un pequeño círculo o un trazo oblicuo de 45°.

Líneas auxiliares de cota: líneas perpendiculares a la superficie a acotar, sitúan los límites de la línea de cota, a la cual sobresalen unos 2 mm.

Líneas de referencia de cota: Se utilizan para una nota explicativa o un valor dimensional. Una línea une el texto con la pieza. Éstas terminan con una flecha si acaban en un contorno de la pieza, en un punto si acaban en el interior de la pieza y ni lo uno ni lo otro cuando acaban en otra línea.

Tiene una parte de la línea donde se escribe el texto y será paralela al elemento a acotar.

Símbolos: la cifra de la cota puede venir acompañada de un símbolo que identifica características de la pieza, pudiendo así evitar la representación de un mayor número de vistas. Los más normales son:

□	Símbolo de cuadrado
Ø	Símbolo de diámetro
R	Símbolo de radio
SR	Símbolo de radio de una esfera
SØ	Símbolo de diámetro de una esfera

Clasificación de las cotas

Las cotas se pueden clasificar según su importancia y su cometido en el plano.

Según su importancia pueden ser funcionales, no funcionales y auxiliares.

Funcionales:

Las esenciales para que la pieza pueda cumplir su misión.

No funcionales:

Para poder realizar la total definición de la pieza.

Auxiliares:

Pueden deducirse de otras y no son necesarias para la fabricación o comprobación de la pieza, dan medidas totales.

Según su cometido, en el plano son de dimensión (d) y de situación (s).

Dimensión: Indican tamaño de elementos.

Situación: Indican la posición de elementos.

6. SIMBOLOGÍA Y ESPECIFICACIONES TÉCNICAS

6.1. Indicación de las tolerancias dimensionales y geométricas

Una pieza no puede ser creada de manera exacta debido a las imprecisiones en las máquinas de fabricación, pero en realidad no ocurre nada porque para que sea útil ésta pieza nos basta con que cada medida esté comprendida entre dos límites. Esto es lo que llamamos tolerancia.

Las tolerancias pueden hacer referencia a las dimensiones de una pieza, o bien a su forma.

Conceptos fundamentales

Eje

Cualquier pieza en forma de cilindro que debe ser acoplada dentro de otra.

Agujero

El alojamiento del Eje.

Tolerancia

Es el margen de error en la fabricación de una pieza.

Medida nominal

Aquella que acotamos en el plano; a ella le añadimos las diferencias de tolerancias, bien de forma numérica o de forma simbólica.

Línea de referencia

Coincide con la medida nominal; sería la línea 0, hacia arriba de ésta, la zona positiva y hacia abajo, la negativa.

Medida Máxima

La mayor de las medidas admisibles en la fabricación.

Medida Mínima

La menor de las medidas admisibles. Tolerancia es la diferencia entre la medida máxima y la mínima.

Diferencia Superior

Diferencia entre la medida máxima y la nominal.

Diferenta inferior

Diferencia entre la medida mínima y la nominal.

Claro está, estas diferencias pueden ser tanto positivas como negativas.

33

Figura 37.

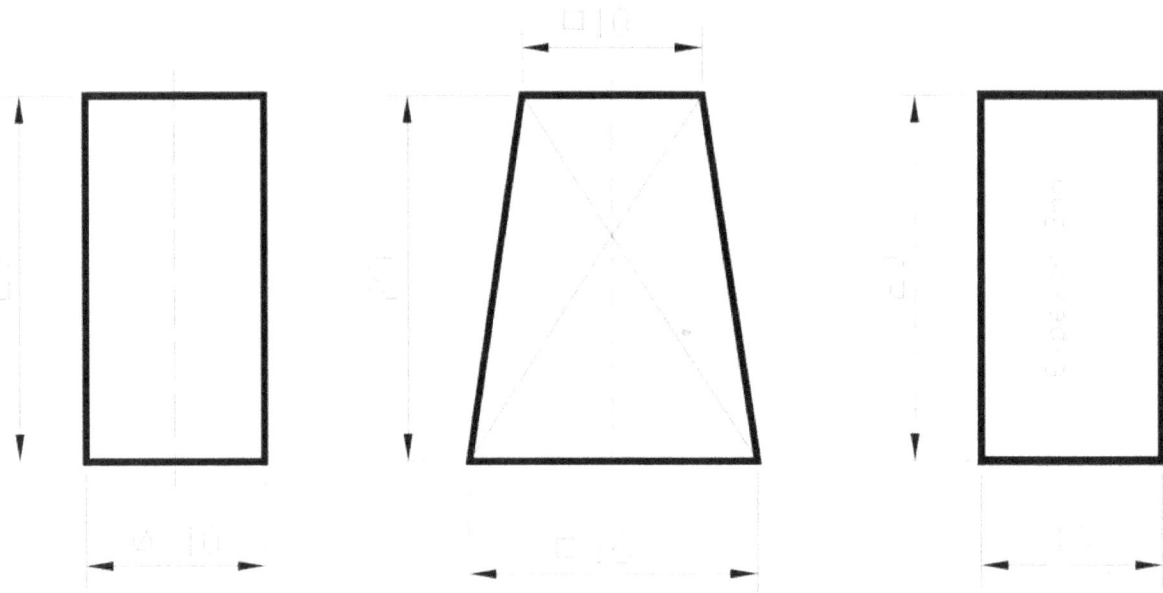

Figura 38.

6.2. Ajustes en los acoplamientos

El ajuste seria la unión del eje y del agujero. Esta unión puede determinar un juego o un apriete.

Juego

Es la diferencia entre la medida del agujero y la del eje, siendo el eje menor que el agujero.

Apriete

Es la diferencia entre la medida del eje y la del agujero, siendo el eje mayor que el agujero.

Juego Máximo

Diferencia entre la medida máxima del agujero y la mínima del eje.

Juego Mínimo

Diferencia entre la medida mínima del agujero y la máxima del eje.

Apriete máximo

La diferencia entre la medida máxima del eje y la mínima del agujero.

Apriete mínimo

La diferencia entre la medida máxima del agujero y la mínima del eje.

Debido a la diferencia de medidas entre el eje y el agujero se nos presentan tres tipos de ajuste:

En el ajuste móvil se nos presenta un juego.

En el ajuste fijo, un apriete.

En el ajuste intermedio puede haber o bien un juego o bien un apriete, según las medidas que tengan las dos piezas al final.

6.3. Designación y representación normalizada de los materiales y elementos en los planos

La normalización consiste en un conjunto de reglas e instrucciones aceptadas por todos que definen cómo se deben realizar las acciones; es como un acuerdo general del que todos podemos hacer uso y utilizar como base de nuestros trabajos.

Si a cada persona se le encargase que eligiese dos símbolos, uno que representase una pelota de tenis y otro con una pelota de fútbol, es casi seguro que el símbolo de la pelota de tenis y el de la pelota de fútbol de dos personas distintas serían casi iguales y sin poder distinguir qué es cada cosa.

Como en los dibujos se representan infinidad de cosas y para evitar que cada uno pueda inventarse los símbolos a su voluntad se establecen las normas, que como hemos dicho antes son las que definen que símbolo corresponde a cada elemento susceptible de representar.

En España existe un AENOR (http://www.aenor.es), un organismo que se encarga de la realización de normas UNE hechas en España; a nivel internacional, las normas que reconocemos son las normas ISO, IEC, CEN, CENELEC, ETSI, COPANT, todas ellas aceptadas y de reconocido prestigio.

En el sector de la construcción se aplican las Normas Básicas de la Edificación –"NBE"– que contienen gran cantidad de simbología.

6.4. Formas de mecanizado normalizadas

Existen varias formas de mecanizado que se repiten con mucha frecuencia en la construcción de piezas, tales como puntos de centrado, entalladuras, terminaciones de tornillos, etc.

Todas estas formas normalmente no se dibujan ni se acotan, salvo cuando no se dispone de las herramientas o en la fabricación de las mismas.

Puntos de centrado

Se emplean para el torneado de piezas de mucha longitud. Las formas pueden ser A, B, C y R y se representan en la figura.

Para ejes que llevan un agujero roscado en su extremo y que interesa dejar el punto centrado se emplea el punto de forma D.

En las piezas terminadas, en lo referente a los puntos de centrado, se pueden presentar tres casos:

1 El punto de centrado queda en la pieza.

2 El punto de centrado puede quedar en la pieza.

3 El punto de centrado no queda en la pieza.

En los casos 1 y 3 se indica el punto de centrado con un ángulo de 60° o una línea de referencia y designación del punto.

Entalladuras

Son vaciados interiores o exteriores efectuados en piezas torneadas. Se usan en piezas que acaban en ángulo recto y que van rectificadas. Su utilización es para dar salida a la piedra de esmeril.

Al dibujarlas pueden representarse dibujadas y acotadas por completo o simplificadas, con indicación de la designación.

Formas normalizadas de las entalladuras

Forma E, para piezas con una superficie de mecanizado.

Forma F, para piezas con dos superficies de mecanizado, perpendiculares entre sí.

Redondeamiento y chaflanes

En la fabricación de piezas industriales se hacen redondeamientos y chaflanes.

El redondeamiento es la forma que adoptan algunos de los ángulos de las piezas mecánicas, con el objeto de:

- Evitar aristas vivas, que pueden causar heridas.

- Reforzar la solidez de la pieza.

- Facilitar la operación de moldeo en las piezas que se obtienen por fundición. Los radios para redondeamiento están normalizados según DIN 250.

Si varios redondeamientos de una pieza tienen el mismo radio, no es menester acotar uno a uno. Basta poner, junto al dibujo, una observación que diga, por ejemplo:Radios no acotados R4.

Chaflanes

La finalidad del chaflán es similar al redondeado, pero los chaflanes facilitan la penetración del eje en el agujero.

Los chaflanes a 45° se pueden indicar con una sola acotación para la anchura y el valor del ángulo.

Los chaflanes y redondeamientos para piezas que han de ir ajustadas con otras, la altura del chaflán y el radio del redondeamiento han de ser tales que el apoyo no se haga en los chaflanes o redondeamientos, sino en las superficies de los resaltes del eje o del alojamiento.

6.5. Representación y designación en los dibujos

En muchas ocasiones, el dibujo a escala real es muy tedioso e innecesario pues representa una carga de trabajo excesiva que no supone una mejora del objetivo del dibujo industrial: transmitir de forma inequívoca la forma de una pieza o conjunto de piezas.

En esos casos se emplean símbolos que representan elementos; el caso más representativo es el dibujo de un tornillo; si tuviéramos que dibujar todos los filetes de las roscas sería imposible hacer un dibujo de conjunto en el que hubiese una cantidad considerable de ellos. Lo mismo sucede con la mayoría de las piezas que son de uso repetitivo en los dibujos; por ejemplo, en el esquema de la instalación basta con poner un símbolo para cada elemento.

Para dar más facilidades al que lee el plano se suele incluir una leyenda que consiste en una tabla en la que se representan los símbolos utilizados en el plano y una breve descripción de lo que representan.

Figura 39 .Esquema Instalación.

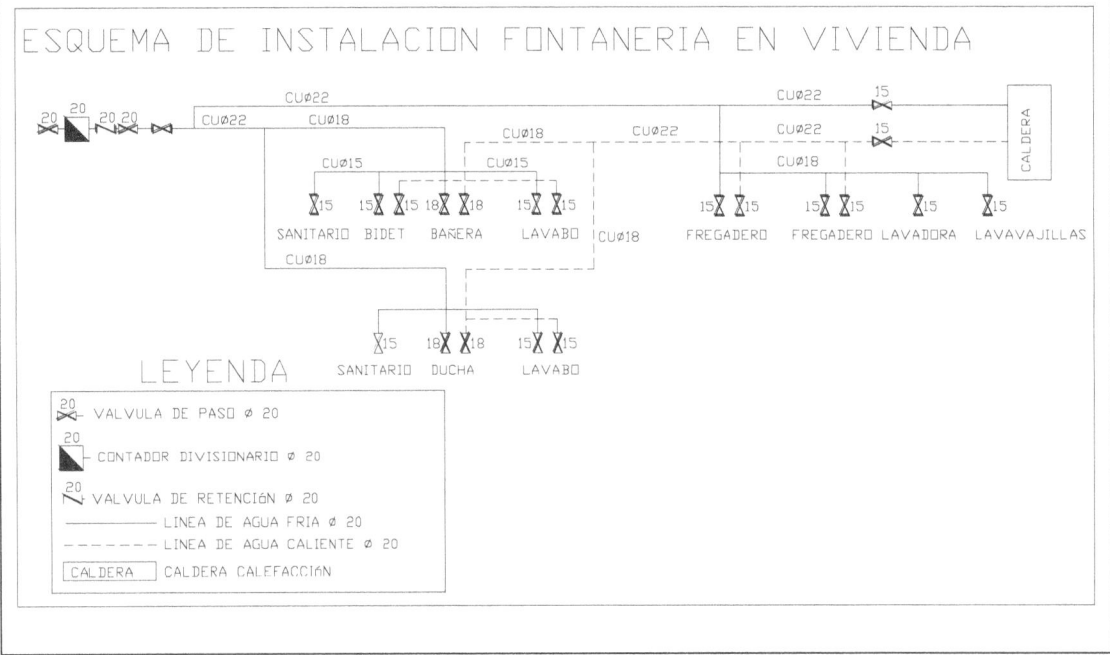

38

6.6. Representación de elementos de construcción soldada

Las normas UNE y DIN tienen normalizadas las representaciones de las soldaduras, para que no dar lugar a errores.

En las vistas y acotaciones de la soldadura se siguen las reglas generales de dibujo.

Para la simplificación de las representaciones se emplean ciertos signos que hacen referencia:

A la clase del cordón, sección y espesor.

A la realización del cordón.

A la preparación de las piezas.

Al acabado del cordón.

Además, también se pueden añadir ciertos datos adicionales: tratamientos, ensayos, calidad, etc.

El conjunto de signos y datos adicionales se llama símbolos de soldadura.

Representación gráfica:

Se llama así a la representación en la cual la junta soldada, vista en sección, aparece con el cordón en su verdadera forma y dimensión; en la vista longitudinal, la junta se representa por una línea continua y ancha, acompañada del signo del cordón y de los datos adicionales necesarios. El signo del cordón se coloca encima de la línea de la junta; en las juntas a tope se puede colocar en un espacio interrumpido de dicha línea.

Si en la vista longitudinal el cordón queda oculto se representa con una línea de trazos, aunque el origen del cordón se visible.

Si se representa una vista y además ésta no es la de la sección, hay que representar el signo del cordón de manera que corresponda a una sección normal de la soldadura perpendicular al eje de ésta. Cuando son más de una vista y en alguna la junta queda totalmente representada, no es necesario representar esas características en otras vistas. Si, por lo que sea, no se ve en la representación la junta, entonces se hará una detallada a escala mayor. Esto además es necesario cuando del dibujo de la junta soldada se debe deducir la preparación de la chapa, para los cordones especiales.

Tanto en la vista como en la sección, se representa la junta por una línea llena ancha. El símbolo de la soldadura se coloca siempre con una línea de referencia. Si el cordón queda en la vista por delante, el símbolo se coloca encima de la línea de referencia. Si el cordón queda oculto, se coloca el símbolo debajo de la línea de referencia. El símbolo debe colocarse de manera que reproduzca la forma y la posición de la sección del cordón.

Cuando se trata de un cordón angular no hace falta representar el signo, de manera que corresponda a la verdadera posición, sino que siempre se dibuja a la derecha.

Hay simbología diferente en las normas UNE y DIN para los siguientes símbolos: Línea de referencia, en los signos para indicar la continuidad del cordón, en líneas que se usan para destacar el cordón de la soldadura, para indicar la dirección y orden de los cordones y otras para particularidades de cordones angulares.

Además, hay ocasiones en las que una junta soldada debe ser mecanizada o repasada de un modo particular. Algunos de estos casos se recogen en las normas:

Aplanado de cordones.

Raíces de los a tope repasados.

Soldadura en el montaje.

La acotación de soldadura tiene sus particularidades, sobre todo en lo referente a la manera de anotarlas como datos adicionales.

En las normas se distingue la acotación según sea para representación gráfica o representación simbólica. En cualquier caso, de los dos se hace acotado del espesor y de la longitud del cordón.

Por último, también se indican datos de fabricación, tales como el procedimiento de soldadura, que según la DIN 1 910 serían las siguientes abreviaturas:

G = Soldadura con gas

E = Soldadura por arco voltaico

UP = Soldadura bajo polvo.

SG = Soldadura por arco voltaico, con gas de protección

WIG = Soldadura con wolframio y gas inerte

MIG = Soldadura com metal y gas inerte

O la calidad de la soldadura que viene abreviada por /// o ///, siendo la última la de menor calidad. También existen abreviaturas dentro de la fabricación de la posición de soldar que viene dado por una serie de letras minúsculas indicadas en la DIN 1 9112 o del material de aportación.

7. PLANOS DE OBRA CIVIL

7.1. Interpretación de alzados, plantas y secciones de edificaciones

En un proyecto de edificación son necesarios los planos de situación, cimentación, diferentes tipos de plantas, secciones, fachadas, detalles y de instalaciones.

Alzados

Los alzados del edificio son necesarios para poder disponer en el proyecto de una descripción gráfica de las partes vistas del exterior de la construcción una vez terminada, en la que se puedan apreciar formas y proporciones.

Para la realización de los alzados se partirá de las dimensiones y disposición de la planta; en función de ésta y de las alturas de los distintos elementos exteriores que componen las fachadas, se representan los alzados, en los que quedarán reflejadas de forma esquemática puertas, ventanas, antepechos, etc.

Todas las fachadas de la edificación se realizarán a escala 1:50, pero en proyectos de obra de gran volumen se pueden hacer a escala inferior siempre que se completen con detalles parciales a escala 1:50.

Si en la edificación hay patios interiores, los alzados se hacen a escala 1:100.

Figura 40.

Plantas

Los planos de plantas de un edificio son varios y todos ellos necesarios en las distintas fases de ejecución de un edificio, teniendo cada uno de ellos la información específica necesaria; los más comunes son:

Plano de cimentación y saneamiento.

Plano de estructura.

Plano de distribución.

Plano de cubiertas.

Plano de instalaciones:

Fontanería.

Electricidad.

Calefacción y climatización.

Instalaciones audiovisuales.

Plano de carpintería.

Figura 41.

Secciones

De la misma manera que una pieza industrial requiere de secciones, la construcción también necesita apartar zonas del dibujo que permitan ver el interior de los edificios; es muy habitual realizar secciones para poder designar la altura entre plantas del edificio, designar las instalaciones que tienen montantes que afectan a varias plantas, localización y representación de escaleras y para todos los detalles que el proyectista considere necesario.

Como una sección es un corte del edificio en sentido vertical, la línea de corte tendrá que estar representada sobre la planta; lo más habitual es que el corte representado en la planta no sea una línea recta y así poder recoger en la misma sección detalles que de la otra manera no serían posibles.

Las secciones también son aplicadas a detalles de elementos en la construcción, carpintería, fontanería, riego, instalaciones eléctricas, etc.

Figura 42.   Figura 43.

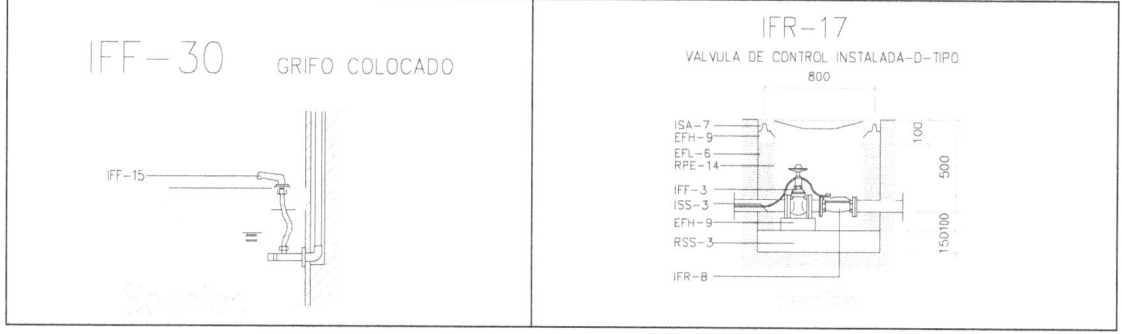

7.2. Interpretación de la documentación técnica de proyectos de obra civil y de urbanismo (planos, memoria, especificaciones técnicas y mediciones)

Un proyecto de obra civil, urbanismo o de instalaciones se compone de un conjunto de documentos que en su conjunto definen fielmente todos los parámetros de ejecución y contrata; estos documentos son:

Memoria

Es un documento básicamente escrito en el que se define la obra, lugar, proyectista, normativa de aplicación, redacción y puntualización de cada uno de los elementos, organismo competente de control e inspección, etc.

Dependiendo de la envergadura y el tipo de obra, será realizada por un técnico competente respetando en general que las instalaciones industriales son definidas por técnicos en la industria, las de construcción, por técnicos de la arquitectura, y así con cada campo de aplicación: Telecomunicaciones, obra pública, etc.

Cálculos

Casi todos los proyectos están basados en cálculos matemáticos más o menos complejos que se realizan a criterio del proyectista o, como en la mayoría de los casos, ocurre de una forma normalizada; en cualquier caso, el proyecto recogerá la forma de realización de los cálculos y sus resultados justificando que darán cobertura matemática a las soluciones adoptadas en el proyecto.

Mediciones

Es el documento en el que se recogen los materiales, la carga horaria de trabajo, los medios técnicos, la maquinaria, las herramientas necesarias y, en general, todo lo que se necesita y se puede cuantificar que es necesario para la realización del proyecto.

Además de definirlo y cuantificarlo, este documento lo valora obteniendo un precio final de la obra en el que se distinguen los precios de cada uno de los componentes, mano de obra, materiales, medios técnicos, maquinaria, etc.

Sirve como elemento de referencia en la contratación de la obra, definiendo el coste de ejecución y los beneficios del contratista.

Pliego de condiciones

Este documento recoge las condiciones de realización de la obra y compromete a todos los que intervienen en ella, propiedad, contratista y técnicos competentes; se divide a su vez en varios documentos más especifico como son el Pliego de condiciones técnicas, Pliego de condiciones económicas, etc.

8. CROQUIZADO DE MÁQUINAS, ELEMENTOS Y REDES

El croquizado consiste en realizar a mano alzada, sin utilizar instrumentos de dibujo, las proyecciones de un objeto. Nosotros necesitaremos realizarlo en las máquinas y elementos, de modo que cualquier otra persona sepa posteriormente interpretarlo; para ello, además, debemos incluir una serie de medidas para que pueda ser construido a escala.

Por tanto, realizaremos el croquizado según hemos visto anteriormente, representando las proyecciones necesarias. Muchos elementos podrán ser representados con alzado, planta y perfil, y otras veces harán falta los dos laterales u otras vistas, también se pueden incluir vistas de detalle o de secciones frontales o transversales, etc., tal como hemos visto.

Después pasaríamos a acotarlo según las normas y utilizando instrumentos de medición adecuados.

Cada objeto que queramos representar en primer lugar se encajará en el papel fijando los ejes de simetría, después se repasan las líneas, rectificando posibles errores; a continuación se dibujan las líneas de cota y se toman las medidas sobre el elemento a dibujar y se sitúan en la cota. Al final, se borran las líneas sobrantes y se refuerzan las líneas perimetrales con un lápiz blando.

RESUMEN

En esta unidad hemos conocido los soportes físicos para el dibujo y los formatos normalizados en los que se representan los dibujos técnicos, las técnicas de rotulación normalizada, las escalas más habituales, la representación y acotado de pieza, su acotación; hemos comprendido e interpretado el uso de simbología y los planos de obra civil.

Todo ello con la intención de preparar al técnico en las áreas de interpretación y elaboración de planos que tan fundamental resulta en la realización de sus tareas más habituales; un técnico preparado y formado en estas técnicas será capaz de desarrollar su profesión correctamente.

CUESTIONARIO DE AUTOEVALUACIÓN

1. Realiza un croquis de las vistas de la siguiente pieza sabiendo que su dimensión más grande es de 90 mm.

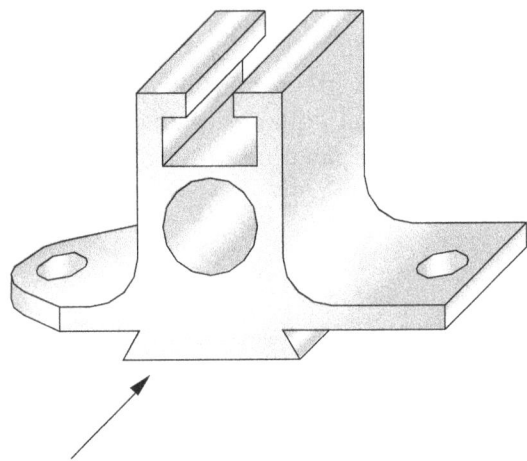

2. Realiza un dibujo a escala de la siguiente pieza sabiendo que su dimensión más grande es de 90 mm.

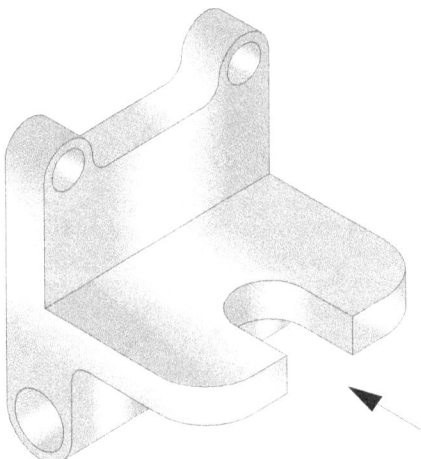

Busca el alzado más representativo y las mínimas vistas posibles.

Realiza un acotado normalizado.

3. Busca bibliografía, o en Internet, el Reglamento de seguridad en Plantas e Instalaciones Frigoríficas y realiza una tabla con los símbolos usados en las instalaciones.

4. Realiza un croquis a mano alzada de tu aula en el que aparezca.

    *   Distribución de mobiliario.

    *   Instalación eléctrica con simbología normalizada.

    *   Instalación de calefacción con simbología normalizada.

    *   Sección transversal del aula.

    *   Acotación en planta y alzados.

    Realiza los ejercicios propuestos en el archivo láminas.

5. Explica qué es la normalización y la importancia de su aplicación en el trazado de planos.

6. Explica qué es un símbolo y por qué se utilizan.

7. Cuántos formatos de papel A4 caben en A1. Realiza un croquis indicando los cortes necesarios.

8. Si las medidas en los planos son las indicadas en la tabla y la escala utilizada es la indicada ¿Qué medida tendremos en la realidad? Completa la tabla.

Escala del Plano.	Medida sobre plano.	Medida real.
1:100	20 mm.	
	80 mm.	80 m.
1:2		120 mm.
1:50		20 m.
1:250	20 Cm.	

9. En el plano de instalación de fontanería de la siguiente vivienda realiza la medición de los materiales necesarios para realizar la instalación.

    Tubería.

    Accesorios.

    Valvulería.

    Grifería.

    Aislamientos.

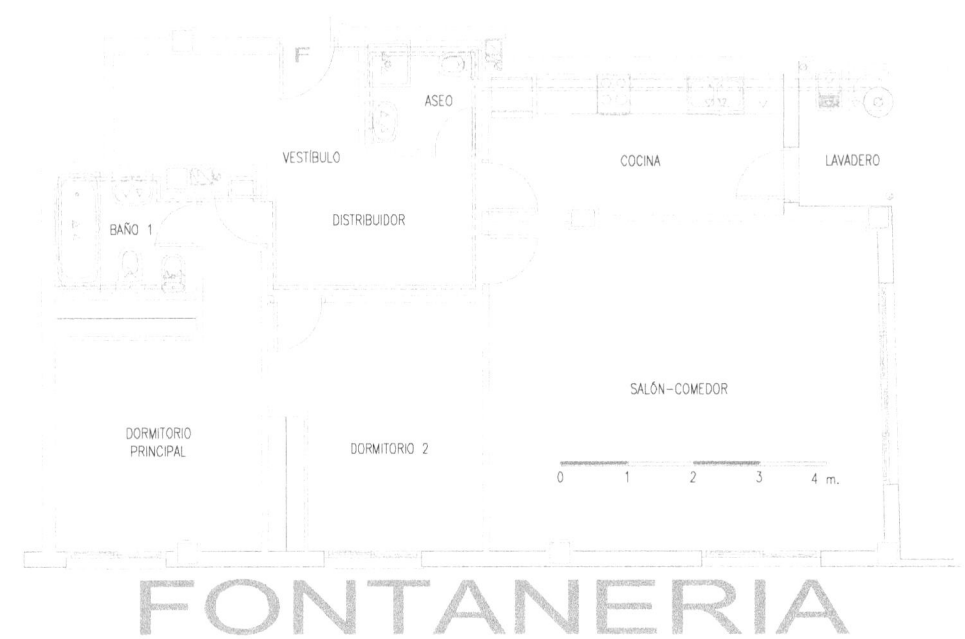

FONTANERIA

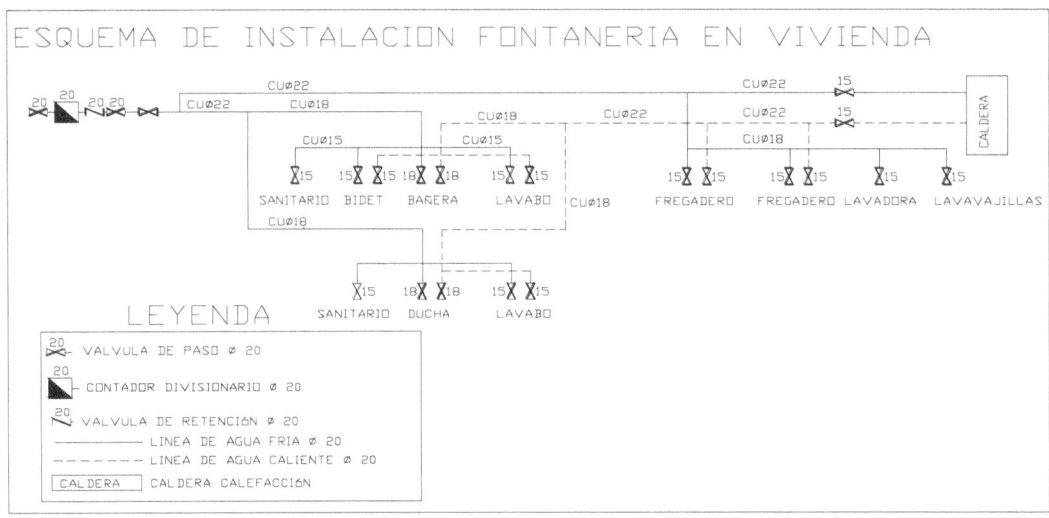

U.D. 2 METROLOGÍA
(PROCEDIMIENTOS DE TRAZADO)

UD 2

ÍNDICE

INTRODUCCIÓN

El proceso de medición de longitudes y trazado de las piezas en instalaciones se ha convertido en una parte fundamental del desarrollo tecnológico: sin el uso de unas técnicas adecuadas sería imposible la producción en serie y la unificación de criterios en la industria.

Cada actividad requiere una precisión determinada, quitar precisión en la medición y construcción se puede convertir en una falta de calidad inadmisible, de la misma forma que un exceso de celo en la toma de medida y exigencia de trazado se puede convertir en un lastre económico difícil de soportar en una economía de libre mercado y competencia.

Se consideran suficientes las siguientes precisiones:

Tabla 1.

Sector Industrial	Precisión
Construcción de edificios.	1 mm.
Construcción de estructuras metálicas.	0,1 mm.
Automoción.	0,01 mm.
Industria aeronáutica.	0,001 mm.
Nueva tecnología de misiles.	0,0001 mm.
Instrumentos científicos.	0,00001 mm.

Un buen técnico debe conocer los instrumentos de precisión más simples y habituales, como son los que se estudiarán en esta unidad didáctica.

OBJETIVOS

1. Conocer las diferencias entre magnitud física, medida y unidad de medida.

2. Emplear correctamente las unidades de medida del Sistema Internacional y del Sistema Inglés.

3. Realizar cálculos de medidas y hacer la conversión entre múltiplos y submúltiplos.

4. Identificar las principales magnitudes y unidades de medida que se utilizan en el mantenimiento de vehículos, así como otras unidades que se emplean habitualmente y no pertenecen al Sistema Internacional.

5. Conocer los útiles y aparatos de medida más utilizados en el taller.

6. Conocer la teoría del nonio para poder realizar mediciones más precisas.

7. Aprender a medir con el calibre (en milímetros y pulgadas).

8. Aprender a medir con micrómetros.

9. Conocer y aprender a utilizar el transportador de ángulos, las galgas de espesores, los peines de roscas, las llaves dinamométricas y los relojes comparadores.

1. APARATOS DE MEDIDA DIRECTA E INDIRECTA

1.1. Metro

Medir una longitud significa compararla con la unidad de medida para ver cuántas veces está contenida esta última en la primera.

El metro es la unidad de medida de longitud del Sistema Internacional; se define como la distancia que viaja la luz en el vacío en 1/299.792.458 segundos. Esta norma fue adoptada en 1983 cuando la velocidad de la luz en el vacío fue definida exactamente como 299.792.458 m/s.

Hay varias herramientas de medida a las que usualmente se les denomina metro; distinguiremos las más usadas en la industria y las instalaciones.

Cinta métrica

Figura 1. Cinta métrica.

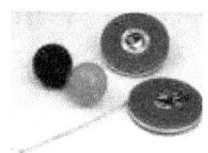

Se usa en medidas de longitud considerables; la precisión que aporta es de 1 cm. Habitualmente, requiere de dos personas para medir, una a cada extremo de la cinta; se tiene que tener la precaución de no estirar la cinta y de que no se cree una curva excesiva.

Flexómetro

Es la herramienta más popular. Muestra una precisión de mm, y es fiable en esos márgenes. Los más usuales varían desde 2 m hasta 5 m. En la medida que aumenta la longitud la cinta metálica tendrá que ser más ancha y arqueada para facilitar que una persona sola lo pueda utilizar; existen flexómetros electrónicos que nos indican la medida en una pantalla lectora, tiene memorias, etc.

Fig. 2. Flexómetro.

Fig. 3. Flexómetro Digital.

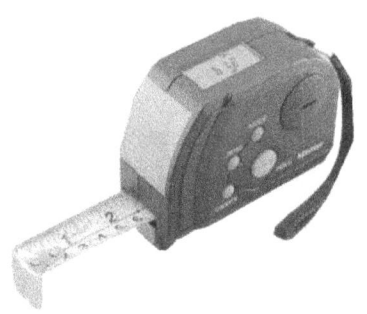

Regla metálica

Suele cubrir un longitud de entre 15 y 100 cm. Tiene una exactitud de 1 mm. También se usa para trazar líneas rectas.

Fig. 4 Regla metálica.

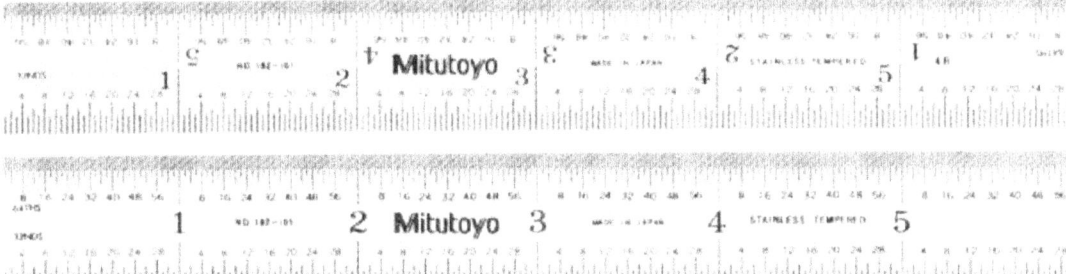

Metro láser

Es el metro de última tecnología. Mide fácilmente y con una precisión bastante aceptable distancias de todo tipo.

1.2. Calibre

Figura 5.

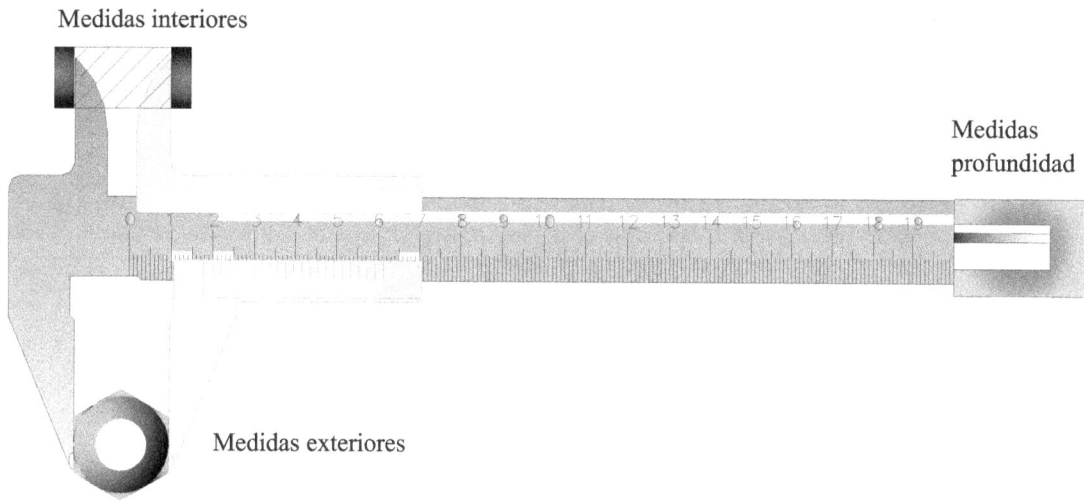

Medidas interiores

Medidas profundidad

Medidas exteriores

Se emplea para realizar la medida de tres diferentes tipos de dimensiones: las exteriores de objetos colocados entre sus pinzas, la medida de dimensiones interiores y profundidades de huecos (véase la figura.)

Figura 6.

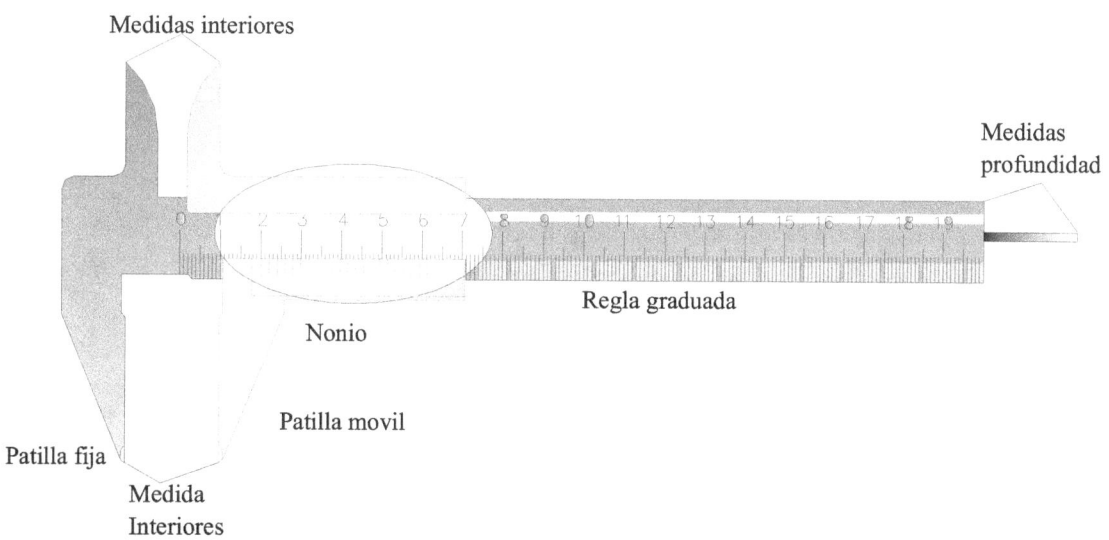

Medidas interiores

Medidas profundidad

Nonio

Regla graduada

Patilla movil

Patilla fija

Medida Interiores

Está diseñado en dos piezas, una que es la regla fija y la otra que es una reglilla móvil (Verde); a la reglilla se le llama "nonio" o "vernier" y permite aumentar la precisión de lectura de la regla principal que es la parte fija (Azul).

Figura 7. Calibre.

Apreciación

La apreciación del calibre se mide dividiendo la menor dimensión de la regla por el n° de divisiones del nonio.

$$\text{Apreciación} = \frac{\text{Menor división de la regla.}}{\text{número de divisiones del nonio}} = \frac{d}{n}$$

Pongamos un ejemplo de nonio decimal.

Figura 8. Nonio.

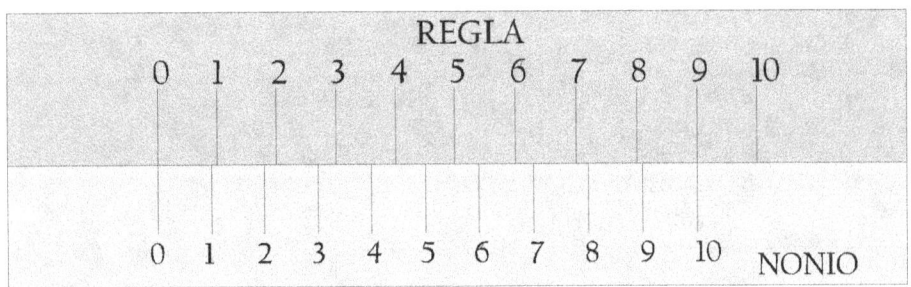

La apreciación será de:

$$\text{Apreciación} = \frac{\text{Menor división de la regla.}}{\text{número de divisiones del nonio}} = \frac{1 \text{ mm.}}{10} = 0{,}1 \text{ mm.}$$

En un nonio de 20 divisiones veremos que existe una mayor apreciación:

Figura 9. Nonio 20 divisiones.

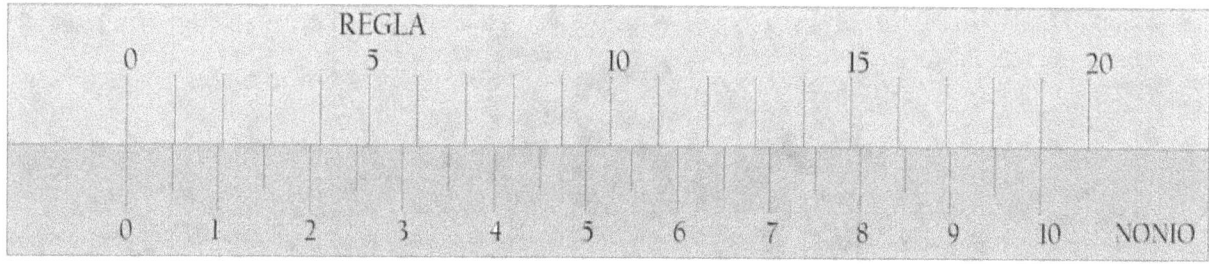

$$\text{Apreciación} = \frac{\text{Menor división de la regla.}}{\text{número de divisiones del nonio}} = \frac{1 \text{ mm.}}{20} = 0{,}05 \text{ mm.}$$

También hay nonios de 50 divisiones, cuya base teórica es igual al anterior.

Figura 10. Calibre digital.

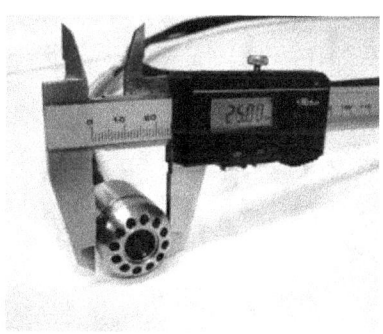

1.3. Micrómetro

Figura 11 Detalle nonio micrómetro.

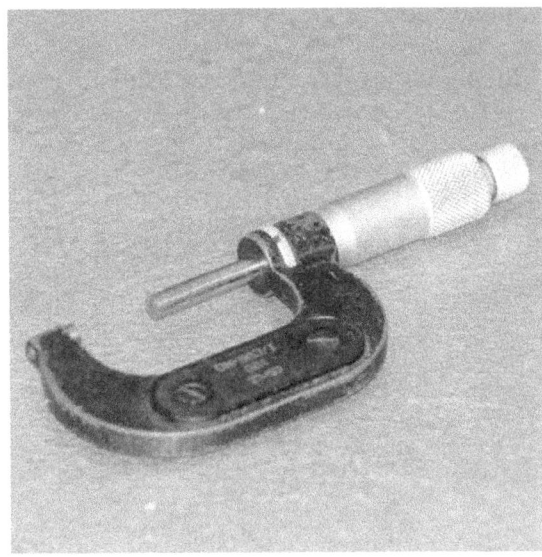

Figura 12. Micrómetro.

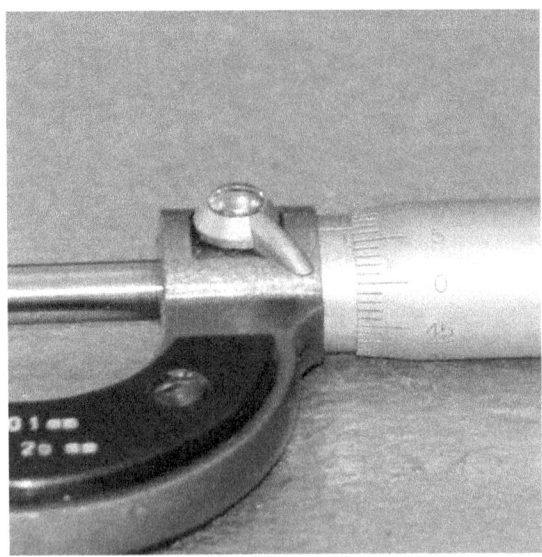

Es un instrumento de medida directa diseñado para la medida de espesores de objetos situados entre dos superficies de contacto, una de ellas fija y otra móvil, unida a la cabeza de un tornillo; dependiendo del tipo, permite realizar mediciones de hasta una milésima de milímetro (0.001 mm); los más usados realizan medidas de 0.01 mm de apreciación.

Está diseñado de forma que para medir la distancia hacemos avanzar un tornillo sobre una escala que está situada a lo largo de un soporte fijo (regla principal, graduada principalmente en mm.); también se observa otra escala circular situada en el perímetro de la rosca. Al avance que produce el tornillo al girar una vuelta se le denomina PASO DE ROSCA.

La precisión del micrómetro se obtiene por tanto, dividiendo el paso de rosca H entre el número de partes N en que está dividido el limbo circular antes citado.

Por ejemplo:

Paso de rosca = 0.5 mm.

Divisiones = 50.

$$\text{Apreciación} = \frac{\text{Paso de rosca.}}{\text{número de divisiones del nonio}} = \frac{0.5 \text{ mm.}}{50} = 0{,}01 \text{ mm.}$$

Figura 13. Micrómetro digital.

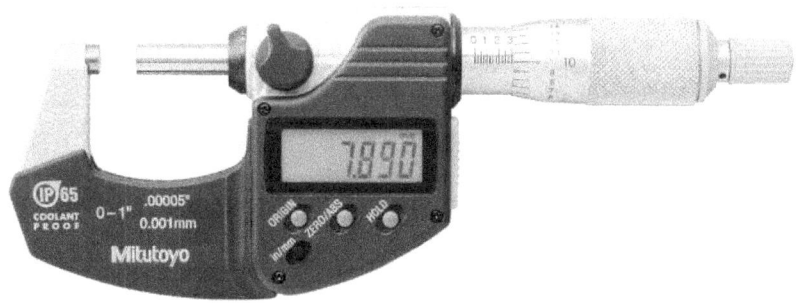

Calibración del micrómetro

Lo primero que se tiene que hacer para comprobar si el micrómetro funciona correctamente es buscar el ERROR DE CERO.

Consiste en realizar una medida cerrando completamente el tornillo, sin ninguna pieza; si la medición es cero, el micrómetro no tiene error cero, pero si la medida es positiva o negativa habremos detectado un error cero.

El error cero se mantiene constante en todas las mediciones y cualquier medida que tomemos lo contendrá; podemos incluso medir bien restando el error a la medida, si es positivo, o restándoselo si es negativo.

Lectura sobre un micrómetro

Se coloca la pieza a medir sobre las dos superficies de contacto, giramos el tornillo hasta hacer contacto con la pieza; en el tramo final del acercamiento debemos coger el tornillo de la corona de su extremo, que tiene un mecanismo de embrague que permite darle la presión necesaria de la superficie de contacto con la pieza sin dañar la rosca. De esta forma la cabeza lectora ya está situada.

La escala longitudinal está dividida en medios milímetros, cuyo número va quedando al descubierto a medida que avanza el tornillo; a esta cantidad se le añadirá un complemento obtenido multiplicando el número marcado sobre el limbo circular por la longitud a que corresponde cada una de esas divisiones, es decir, la precisión del instrumento.

Ejemplo 1

Si queda al descubierto en la escala longitudinal la marca situada entre el milímetro 8 y el 9, indicará que la longitud buscada es 8.50 mm y algo más; si sobre el limbo circular queda señalada la marca correspondiente al número 0, la longitud completa sería 8.5 mm.

Resultado = 8+ 0,5 + 0 = 8.5 mm.

Ejemplo 2

Si queda al descubierto en la escala longitudinal la marca situada entre el milímetro 8 y el 9, indicará que la longitud buscada es 8.50 mm y algo más; si sobre el limbo circular queda señalada la marca correspondiente al número 25, y la precisión del micrómetro es p = 0.01 mm (correspondiente a los micrómetros habituales), entonces el complemento buscado valdría 0.25 mm, de manera que la longitud completa sería 8.75 mm.

Resultado = 8+ 0.5 + 0,25 = 8,75 mm

Ejemplo 3

Si queda al descubierto en la escala longitudinal la marca situada entre el milímetro 6 y el 7, indicará que la longitud buscada es 6.50 mm y algo más; si sobre el limbo circular queda señalada la marca correspondiente entre el número 14 y el número 15, y la precisión del micrómetro es p = 0.01 mm (correspondiente a los micrómetros habituales), entonces el complemento buscado valdría 0.145 mm, de manera que la longitud completa sería 6,645 mm.

Resultado = 6+ 0,5 + 0,14 + 0,005 = 6,645 mm

62

Precauciones:

1. No desmontar ninguna parte del micrómetro.

2. El husillo está montado de manera que no pueda ser retirado del aislante interior. Evitar desplazarlo más allá del límite de capacidad.

3. No utilizar elementos punzantes o lápices eléctricos para marcar sobre el micrómetro.

4. Si es de digital, la pantalla de cristal líquido (LCD) se apaga automáticamente transcurridos 20 minutos aproximadamente. Para encenderla, basta con girar levemente el husillo o pulsar el botón ZERO/ABS.

1.4. Goniómetros

El goniómetro es una herramienta de medición de ángulos; está formado por un círculo graduado con una escala de 360° y superficie plana que sirve de base y referencia.

Mide los ángulos con la regla que gira sobre el centro del círculo graduado.

La apreciación del goniómetro está en función del número de divisiones de nonio.

$$\text{Apreciación} = \frac{\text{Menor división de la regla.}}{\text{número de divisiones del nonio}} = \frac{d.}{n}$$

Figura 14. Goniometro.

Figura 15 Goniometro digital.

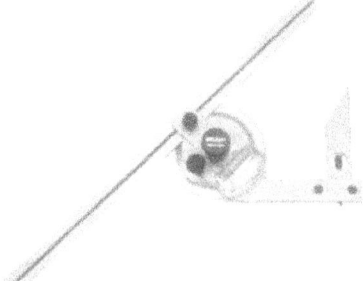
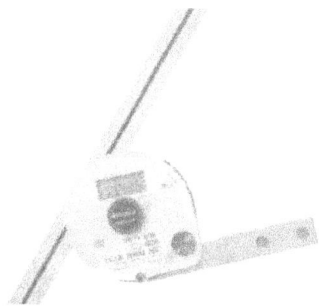

En las medidas, como todos los aparatos que llevan nonio, se presentan los mismos tres posibles casos:

• Que coincida el cero del nonio con una medida exacta.

• Que no coincida, pero sí lo haga cualquier división del nonio.

• Que no coincida ni el cero ni ninguna división del nonio.

Para el resultado de la medida se seguirá el mismo criterio descrito en el calibre y en el micrómetro.

1.5. Comparadores

Los comparadores son unos útiles que tienen una medida fija y conocida o que se puede fijar, de esta manera se compara la pieza con el útil y sabemos si es igual o presenta alguna variación; en esta unidad didáctica vamos a ver los siguientes:

Escuadras.

Galgas de espesores.

Calibres de diámetros.

Calibres pasa no pasa.

Galgas para radios.

Peines de rosca y plaquetas de rosca.

Mármol.

Escuadras

Las escuadras son útiles de medida indirecta o por comparación; se utiliza para comparación de ángulos.

Se utiliza colocando el ángulo de la pieza que queremos comparar sobre la pieza, mirando al trasluz para observar si algún rayo de luz pasa entre la pieza y la escuadra; si esto ocurre, la pieza no tiene el ángulo que queremos comparar.

Figura 16. Juego de escuadra universal.

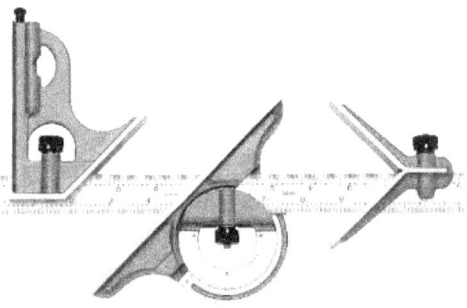

Figura 17. Escuadra de precisión.

Galgas de espesores

Son láminas de distintos espesores (0,05; 0,10; 0,15; 0,20; 0,25; etc.); se usan para la medición indirecta por comparación de la separación o huecos que hay entre dos superficies o piezas.

Se hacen pasar las galgas por el hueco a medir, aumentando su espesor hasta que encontramos una que no es capaz de pasar, entonces sabremos que la medida del hueco es superior a la última que pasa e inferior a la que no pasa.

Figura 18. Juego de Calibres para Espesores.

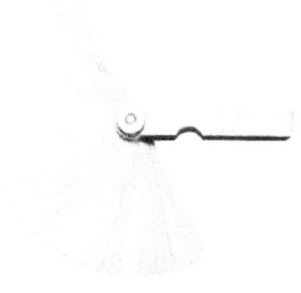

Calibres de diámetros

Son un juego de varillas calibradas; se usan para medir diámetros de agujeros muy pequeños, por ejemplo agujeros de pulverizadores de gasóleo, pasos de válvulas de expansión, etc.

Calibres pasa no pasa

Es un útil de medida indirecta por comparación. Son piezas calibradas que sirven para medir diámetros; es una pieza que tiene dos separaciones a medidas muy precisas, se busca la pieza que comparándola con la barra o el tubo se obtiene que una pasa y la otra no, de esa manera sabremos que la medida está entre las dos de referencia.

Calibres para radios

Es un útil de medida indirecta por comparación. Son un juego de plantillas de semicírculos. Sirve para determinar el radio de tubos y agujeros.

Figura 19. Calibre radios.

Peines de rosca y plaquetas de rosca

Es un juego de útiles de medida indirecta por comparación. Consta de una serie de peines de acero que tienen indicado el tipo de rosca a la que corresponden.

Podremos encontrarnos con los que miden las roscas tipo métrica (60°) de paso en mm. (6 x 100)y los tipo whithworth (55°) y paso en pulgadas 20G.

Figura 20. Juego de Calibres para Roscas.

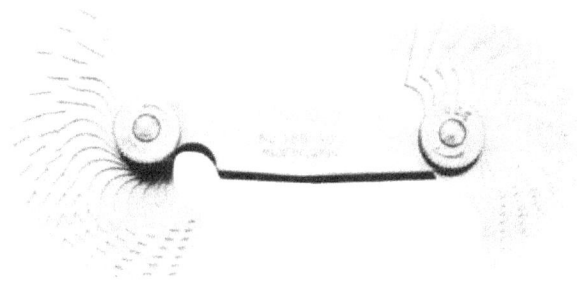

Mármol

El mármol, sirve para trazar y para comprobar la planitud de una pieza; se fabrican en dos tipos de material diferente, en granito y en hierro fundido.

Figura 21. Mármol.

67

Transportador de ángulos

Es una herramienta que permite fijar un ángulo manualmente o bien cogerlo de otra pieza; para ello se apoya sobre la pieza muestra y se aprieta el tornillo, con lo cual el ángulo queda fijado.

Una vez fijado podemos comparar con otra pieza, leer el ángulo obtenido o trazar ese ángulo en otro sitio.

Figura 22. Transportador de ángulos.

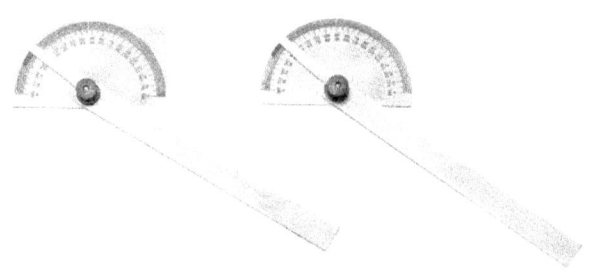

Comprobador de diámetros de brocas

Es una herramienta de medición indirecta por comparación; consiste en una placa metálica que tiene realizados los diámetros más usuales de brocas y marcados sobre la misma; haciendo pasar la broca sabremos cuál es su medida que corresponderá a la más grande por la que puede pasar.

Figura 23. Comprobador diámetro brocas.

1.6. Niveles

El nivel es una herramienta que permite determinar la existencia de varios ángulos respecto de la horizontal. Generalmente están preparados para comprobar la horizontal (0°), la vertical (90°) y la posición intermedia (45°).

Suelen tener una burbuja que se mueve sobre un recipiente y unas líneas de límite; si esa línea se encuentra entre esas dos líneas el nivel es correcto, si no es así, existe un desplazamiento.

Para el trazado de instalaciones se emplean niveles láser que permiten fijar la horizontal en todo el edificio con el puntero láser.

Figura 24. Nivel forma arco magnético.

Figura 25. Nivel de aluminio.

2. TÉCNICAS DE MEDICIÓN

El uso de una correcta técnica de medición es fundamental en la fabricación y la realización de instalaciones; en esta unidad se ha explicado cómo es cada herramienta de medición. El aprovechamiento de los conocimientos impartidos y su aplicación ayudarán al profesional a evitar errores y fallos en el desarrollo de su profesión.

3. CALIBRACIÓN DE APARATOS DE MEDICIÓN

Calibrar un aparato de medición consiste en realizar la comprobación de su fiabilidad; para eso necesitamos unas herramientas patrón o unas medidas patrón.

Las herramientas patrón son las que han sido comprobadas rigurosamente por un laboratorio especializado en la materia y están certificadas. Se realiza la medida con la herramienta patrón y después con la herramienta a comprobar; si no hay variación, se determina que la herramienta funciona correctamente, si el error es inadmisible, entonces se desechará o mandará a reparar la herramienta.

Otra forma de comprobar es con medidas patrón; son útiles que están certificados y conocemos su medida exacta; medimos con la herramienta y si nos da la esperada, está en condiciones de uso, si no es así, se procederá de la manera anterior.

RESUMEN

La medición es una técnica que todo técnico debe dominar. En esta unidad hemos estudiado las medidas más usuales.

Hemos estudiado medidas directas con el Metro, Calibre, Micrómetro y Goniómetro.

Algunas medidas por comparación han sido repasadas: Galgas de espesores, Escuadras, Transportador de ángulos, Calibre de diámetros, Calibre para radios, Peines de roscas, Niveles y Mármol.

En el desarrollo de la profesión nos encontraremos con estas medidas y con otras que utilizan otros aparatos de medida; todas ellas no ayudarán a evitar errores.

ANEXO 2. Tablas

MÚLTIPLO	EQUIVALENCIA
Terámetro (Tm):	10^{12} Metros
Gigámetro (Gm)	10^{9} Metros
Megámetro (Mm)	10^{6} Metros
Kilómetro (km)	10^{3} Metros
Hectómetro(hm)	10^{2} Metros
Decámetro (dam)	10^{1} Metros
metro: Unidad básica del SI.	1 Metros
decímetro (dm)	10^{-1} Metros
centímetro (cm)	10^{-2} Metros
milímetro (mm)	10^{-3} Metros
micrómetro (µm)	10^{-6} Metros
nanómetro (nm)	10^{-9} Metros
angstrom (Å)	10^{-10} Metros
picómetro (pm)	10^{-12} Metros
femtómetro o fermi (fm)	10^{-15} Metros
attómetro (am)	10^{-18} Metros
zeptómetro (zm)	10^{-21} Metros
yoctómetro (ym)	10^{-24} Metros

A continuación se dan unas tablas de medidas de conversión entre unidades de longitud y superficie del Sistema Métrico al Sistema Inglés.

LONGITUD							
UNIDAD	PULGADAS	PIES	MILLAS	MILIMETROS	CENTIMETROS	METROS	KILOMETROS
Pulgadas	1	0.0833	-	25.4	2.54	0.0254	-
Pies	12	1	-	304.8	30.48	0.3048	-
Millas	63,36	5,28	1	-	-	1,609.344	1.609.344
Milímetros	0.03937	0.003281	-	1	0.1	0.001	-
Centímetros	0.3937	0.032808	-	10	1	0.01	-
Metros	393.701	328.084	-	1	100	1	0.001
Kilómetros	39,37	3,280.8	0.62137	-	100	1	1

ÁREA O SUPERFICIE						
Unidad	Pulgadas cuadradas	Pies cuadrados	Acres	íilimetros cuadrados	Centímetros cuadrados	Metros cuadrados
Pulgadas cuadradas	1	0.006944	-	645.16	64.516	0.00064516
Pies cuadrados	144	1	-	92,903.04	9.290.304	0.09290
Acres	-	43,56	1	-	-	4,046.8564
Milimetros Cuadrados	0.00155	-	-	1	0.01	-
Centimetros Cuadrados	0.1550	0.001076	-	100	1	0.0001
Metros Cuadrados	1,550.0031	1.076.391	0.000247	-	10	1

Equivalencias aproximadas diámetros de tuberías			
Pulgadas	Milímetros	Pulgadas	Milímetros
1/4	8	16	400
3/8	10	18	450
1/2	15	20	500
3/4	20	24	600
1	25	28	700
1 1/4	32	30	750
1 1/2	40	32	800
2	50	36	900
2 1/2	65	40	1000
3	80	42	1050
3 1/2	90	48	1200
4	100	54	1400
6	150	60	1500
8	200	64	1600
10	250	72	1800
12	300	78	1950
14	350	84	2100

CUESTIONARIO DE AUTOEVALUACIÓN

1. ¿Qué se entiende por apreciación de un aparato de medida?

2. Si una pieza mide 2,5 pulgadas de supeficie ¿Cuál es el equivalente en mm?

   a. 25 mm.

   b. 63,5 mm.

   c. 0,0635 m.

   d. Las pulgadas y los milímetros son medidas de longitud, no de superficie.

3. Si un campo tiene 500 m de largo y 700 m de largo, su supeficie será de:

   a. 35.000 m³.

   b. 350.000 m².

   c. 225.000 Acres.

   d. 7.3 Hectáreas.

3. El goniómetro...

   a. Es una herramienta que se utiliza para medir ángulos.

   b. Es una herramienta de medida indirecta.

   c. Es un medidor de ángulos por comparación.

   d. Es un útil de medida de espesores.

4. Indica las medidas que representa el siguiente nonio.

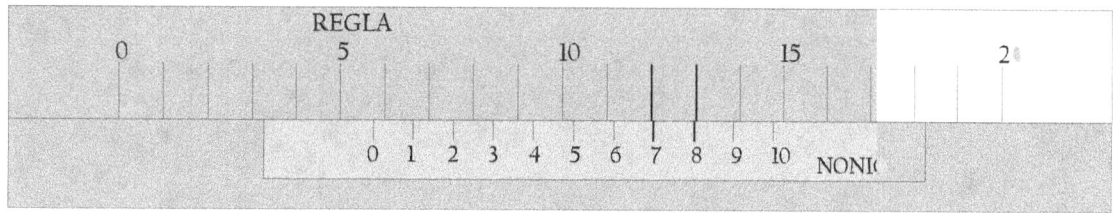

5. Indica las medidas que representa el siguiente nonio.

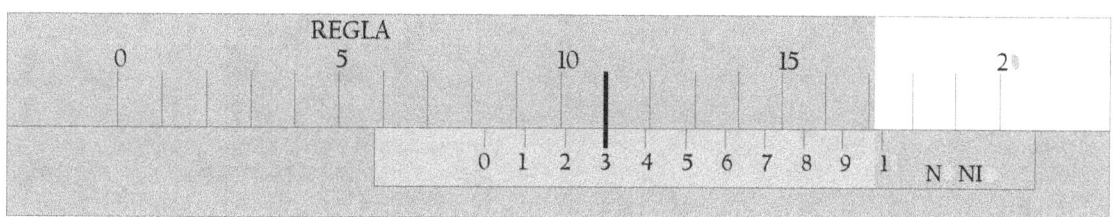

6. Indica las medidas que representa el siguiente nonio.

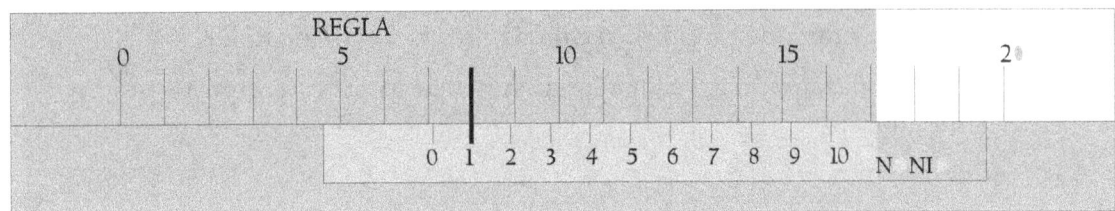

U.D. 3 MATERIALES METÁLICOS Y SUS ALEACIONES

UD 3

ÍNDICE

Introducción.

Objetivos.

Resumen.

Cuestionario de autoevaluación.

INTRODUCCIÓN

Los metales forman parte de la historia de la humanidad; el hombre ha ido descubriendo los metales y dándoles uso desde la Edad del Bronce y, posteriormente, en la Edad del Hierro. La aparición de la metalurgia se manifiesta en la utilización de oro y cobre en un primer momento, para después pasar al empleo de una aleación entre estaño y cobre, de la que resulta el bronce.

Los metales raramente se encuentran puros en la naturaleza, generalmente se hallan combinados con el oxígeno (O), o con otros no metales, en especial del cloro (Cl), azufre (S) y carbono (C).

Los metales que se encuentran puros en la naturaleza son llamados metales nativos: plata (Ag), oro (Au), cobre (Cu) y platino (Pt).

El acero, que es básicamente una aleación de hierro y carbono, es el metal más utilizado en la industria. En general, podemos decir que los materiales metálicos se clasifican en dos grupos, dependiendo de su composición: los materiales ferrosos (hierro y sus aleaciones) y los no ferrosos (el resto).

En las instalaciones de agua, fontanería, calefacción y refrigeración la tubería de cobre adquiere una gran importancia, siendo un elemento que estudiaremos con especial atención.

OBJETIVOS

1. Saber explicar las características físicas y mecánicas de los materiales metálicos y sus aleaciones.

2. Saber valorar las distintas características de los materiales empleados en una instalación, en los siguientes aspectos:

   - La elección de los materiales o aleaciones más adecuados.

   - Designación de dichos materiales según su normativa.

   - Elección de los tratamientos térmicos que hay que emplear de acuerdo con su utilización y la temperatura de trabajo.

3. Saber adoptar las soluciones para evitar o mitigar la aparición de corrosión en una instalación de líquidos o gases.

4. Describir las propiedades físicas y tecnológicas de un material metálico a partir de una designación.

5. Saber seleccionar el material o los materiales más adecuados a cada tipo de instalación.

6. Diferenciar las aleaciones de procedencia férrica de las no férricas.

7. Estudiar los aceros y las fundiciones.

8. Conocer los materiales obtenidos por sinterización.

9. Comprender las propiedades de los aceros, y el diagrama hierro–carbono.

10. Conocer cómo afecta el enfriamiento a los aceros que se someten a tratamientos térmicos.

11. Conocer los principales tratamientos térmicos, termoquímicos, mecánicos y superficiales a los que se someten los metales y las aleaciones que más se emplean en la fabricación de tuberías y elementos de máquinas.

2. MATERIALES FERROSOS

El hierro en estado puro no se utiliza prácticamente en la industria debido principalmente a que las propiedades que tiene no son muy buenas; generalmente lo encontramos aleado con carbono y otros elementos que le confieren muy buenas propiedades, a la aleación de hierro y carbono se le denomina acero.

Dependiendo del porcentaje de carbono, los aceros se clasifican en dos grandes grupos:

Aleacciones Fe–C	Porcentaje de carbono
Aceros	De 0,03 a 1.67 %
Fundiciones	De 1,6 hasta 6,67%

2.1. El Hierro

Como hemos visto, el hierro en estado puro prácticamente no se utiliza; su uso se limita prácticamente a la construcción de elementos magnéticos, electroimanes, núcleos de motores, imanes permanentes, etc.

Se considera que un material es hierro puro cuando tiene menos del 0.008% de carbono y su contenido de hierro es mayor de 99,97 %.

2.2. El acero

Acero al carbono

El acero es una aleación de hierro y carbono, generalmente con más elementos como el manganeso, el cromo, el níquel, el vanadio o el titanio. Estos elementos hacen que el acero adquiera diferentes propiedades, dependiendo de los elementos y la proporción en la que se añadan, tales como la elasticidad, mayor dureza o mayor resistencia a la corrosión, etc.

Es un material muy usado en la industria: en la construcción de tuberías para la realización de instalaciones de conducción de fluidos, construcción de maquinaria, fabricación de calderas y elementos de las instalaciones.

TUBO SIN SOLDADURA DIN 2440, 2441, 2442

Tubo con o sin soldadura semipesado adecuado para presión nominal 25 en líquidos y para presión nominal 10 en aire y gases no peligrosos.

Puede suministrarse roscado (DIN 2999) o sin roscar.

Puede suministrarse en negro o galvanizado (DIN 2444).

Longitud: los tubos se suministran en longitudes de 6 metros

Material: St 33-2

DN	Designación de Rosca	DIN 2440			DIN 2441		
		Diámetro exterior d1	Espesor de pared s	Tubo liso	Diámetro exterior d1	Espesor de pared s	Tubo liso
		mm	mm.	kg/m	mm	mm	kg/m
6	1/8	10.2	2.0	0.407	10.2	2.65	0.493
8	1/4	13.5	2.35	0.650	13.5	2.90	0.769
10	3/8	17.2	2.35	0.852	17.2	2.90	1.02
15	1/2	21.3	2.65	1.22	21.3	3.25	1.45
20	3/4	26.9	2.65	1.58	26.9	3.25	1.90
25	1	33.7	3.25	2.44	33.7	4.05	2.97
32	1 1/4	42.4	3.25	3.14	42.4	4.05	3.84
40	1 1/2	48.3	3.25	3.61	48.3	4.05	4.43
50	2	60.3	3.65	5.10	60.3	4.50	6.17
65	2 1/2	76.1	3.65	6.51	76.1	4.50	7.90
80	3	88.9	4.05	8.47	88.9	4.85	10.1
100	4	114.3	4.5	12.1	114.3	5.40	14.4
125	5	139.7	4.85	16.2	139.7	5.40	17.8
150	6	165.1	4.85	19.2	165.1	5.40	21.2

TUBOS NEGROS Y GALVANIZADOS ISO 65

Tubos para usos generales, en acero carbono, soldados y sin soldadura aptos para ser roscados o soldados.

La norma incluye cuatro series: ligera 1, ligera 2, media, pesada.

Los tubos podrán fabricarse soldados o sin soldadura.

Prueba Hidrostática a una presión de 50 bar.

DN	Designación de Rosca	Diámetro exterior	Espesor			
		mm	Serie Ligera-1	Serie Ligera-2	Serie Media	Serie Pesada
6	1/8	10.2	1.8	1.8	2.0	2.6
8	1/4	13.5	2.0	1.8	2.3	2.9
10	3/8	17.2	2.0	1.8	2.3	2.9
15	1/2	21.3	2.3	2.0	2.6	3.2
20	3/4	26.9	2.3	2.3	2.6	3.2
25	1	33.7	2.9	2.6	3.2	4.0
32	1 1/4	42.4	2.9	2.6	3.2	4.0
40	1 1/2	48.3	2.9	2.9	3.2	4.0
50	2	30.3	3.2	2.9	3.6	4.5
65	2 1/2	76.1	3.2	3.2	3.6	4.5
80	3	88.9	3.6	3.2	4.0	5.0
100	4	114.3	4.0	3.6	4.5	5.4
125	5	139.7			5.0	5.4
150	6	165.1			5.0	5.4

Dependiendo del tipo de acero inoxidable podremos encontrar propiedades como alta dureza, alta resistencia y poca pérdida de límite elástico con el aumento de la temperatura (aceros refractarios).

Es muy usado en las instalaciones de fluidos por su alta resistencia a la corrosión, su inalterabilidad con el paso del tiempo e incluso por su estética.

Es muy utilizado en los sectores de la alimentación, refinerías petrolíferas, en la fabricación de fuselaje de los aviones, en la fabricación de productos y equipos quirúrgicos, depósitos de agua caliente sanitaria, en la fabricación de utensilios de cocina, etc.

APLICACIONES DE LOS ACEROS INOXIDABLES

Nº Acero	Nombre	DIN	ASTM	INDUSTRIA
1,4301	X5CrNi18-10	-	304	Industria alimentaria, cubertería, menaje
	-	-	304 LN	Aplicaciones criogénicas
1,4301	X5CrNi18-10	1,4301	-	Industria alimentaria, cubertería, menaje
1,4307	X2CrNi18-9	-	304 L	Tubos, calderería
1,4301	X5CrNi18-10	1,4301	304	Industria alimentaria, cubertería, menaje
1,4301	X5CrNi18-10	1,4301	304 DDQ	Embuticiones medias y profundas
1,4301	X5CrNi18-10	1,4301	304 DDQ	Embuticiones medias y profundas
1,4301	X5CrNi18-10	1,4301	304 DDS	Embuticiones muy profundas
1,4307	X2CrNi18-9	-	304 L	Industria nuclear, tubos, calderería
1,4401	X5CrNi18-10	1,4401	316	Industrias químicas
1,4432	X2CrNiMo17-12-2	-	316 L	Tubos, calderería
1,4404	X2CrNiMo17-12-3	1,4404	316 L	Industrias químicas
1,4571	X6CrNiMoTi17-12-2	1,4571	316 Ti	Industrias químicas y petroquímicas
1,4436	X3CrNiMo17-13-3	1,4436	316 L	Industrias químicas
1,4435	X2CrNiMo18-14-3	1,4435	316 L	Industrias químicas
1,4541	X6CrNiTi18-10	1,4541	321	Tubos, construcciones soldadas
1,4406	X2CrNiMoN17-11-02	-	316 LN	Aplicaciones criogénicas
1,4438	X2CrNiMo18-15-4	-	317 L	Industrias químicas
	-	1,4845	310 S	Hornos, aplicaciones altas temperaturas
1,4	X6Cr13	1,4	410 S	Industrias petroquímicas
1,4016	X6Cr17	1,4016	430	Cubertería, menaje, armarios, decoración interior
1,451	X3CrTi17	1,451	430 Ti	Lavadoras, tubos
1,4511	X3CrNb17	1,4511	430 Nb	Fondos difusores, lavadoras
1,4113	X6CrMo17-1	1,4113	434	Decoración exterior, perfiles
1,4512	X2CrTi12	1,4512	409 L	Sistemas de escape
1,4509	X2C4TiNb18	1,4509	-	Sistemas de escape
1,4028	X30Cr13	1,4028	420	Herramientas de cortes
1,4034	X46Cr13	1,4034	420	Herramientas de cortes, cuchillos, navajas
1,4116	X50CrMoV15	1,4116	420 MoV	Cuchillería de alta calidad
1,4006	X12Cr13		41	Cubertería

2.3. Clasificación de los aceros atendiendo a sus propiedades físicas y tecnológicas

Existen muchos criterios para clasificar los aceros.

E·l CENIM, Centro Nacional de Investigaciones Metalúrgicas, clasifica los productos metalúrgicos en:

- Clases.

- Series.

- Grupos.

- Individuos.

La clase es designada por una letra y las series, grupos e individuos por cifras.

F: Aleaciones férreas

L: Aleaciones ligeras

C: Aleaciones de cobre

V: Aleaciones varias

Los aceros se clasifican en las siguientes series, subdivididas, a su vez, en grupos:

Serie 1

F–100: Aceros finos de construcción general.

Grupos:

Grupo F–110: Aceros al carbono.

Grupo F–120: Aceros aleados de gran resistencia.

Grupo F–130: " " "

Grupo F–140: Aceros aleados de gran elasticidad.

Grupo F–150: Aceros para cementar.

Grupo F–160: " "

Grupo F–170: Aceros para nitrurar.

Serie 2

F–200: Aceros para usos especiales.

Grupos:

Grupo F–210: Aceros de fácil mecanizado.

Grupo F–220: Aceros de fácil soldadura.

Grupo F–230: Aceros con propiedades magnéticas.

Grupo F–240: Aceros de alta y baja dilatación.

Grupo F–250: Aceros de resistencia a la fluencia.

Serie 3

F–300: Aceros resistentes a la corrosión y oxidación.

Grupos:

1º: Inoxidables.

2º y 3º: Resistentes al calor.

Serie 4.

F–400: Aceros para emergencia.

Grupos:

Grupo F–410: Aceros de alta resistencia.

Grupo F–420:   "   "   "

Grupo F–430: Aceros para cementar.

Serie 5

F–500 Aceros para herramientas.

Grupos:

Grupo F–510: Aceros al carbono para herramientas.

Grupo F–520: Aceros aleados.

Grupo F–530:   "   "

Grupo F–540:   "   "

Grupo F–550: Aceros rápidos.

Serie 6

F–600: Aceros comunes.

Grupos:

Grupo F–610: Aceros Bessemer.

Grupo F–620: Aceros Siemens.

Grupo F–630: Aceros para usos particulares.

Grupo F–640:   "   "

Serie 8

F–800: Aceros de moldeo

Grupos:

1. Al carbono de moldeo de usos generales.

3. De baja radiación.

4. De moldeo inoxidables.

Si atendemos al de contenido en carbono, los aceros se pueden clasificar en la siguiente tabla:

% Carbono	Denominación	Resistencia
0.1 a 0.2	Aceros extrasuaves	38 - 48 Kg / mm²
0.2 a 0.3	Aceros suaves	48 - 55 Kg / mm²
0.3 a 0.4	Aceros semisuaves	55 - 62 Kg / mm²
0.4 a 0.5	Aceros semiduros	62 - 70 Kg / mm²
0.5 a 0.6	Aceros duros	70 - 75 Kg / mm²
0.6 a 0.7	Aceros extraduros	75 - 80 Kg / mm²

2.4. Fundiciones, propiedades y aplicaciones

Se denomina fundición a la aleación de hierro y carbono con una composición de carbono entre el 1,76 y 6,67%, a diferencia de los aceros que tienen entre 0,03 y 1,76% de carbono; esta diferencia de composición hace que las propiedades también sean diferentes.

Las fundiciones presentan mejor comportamiento contra la corrosión y a los cambios bruscos de temperatura que los aceros comunes. Presentan bastante facilidad para moldear y para mecanizar.

Son muy utilizadas como material para la fabricación de bancadas de máquinas grandes, cuerpos de calderas de agua caliente, carcasas etc.

3. METALES PESADOS (COBRE Y ALEACIONES)

El cobre es un metal de color rojo brillante, muy resistente a la corrosión, buen conductor del calor y de la electricidad, muy dúctil y maleable, por lo tanto, fácil de trabajar.

Es un material muy usado en las instalaciones de conducción de fluidos:

Tuberías de agua en fontanería y calefacción.

Gases refrigerantes, en refrigeración y aire acondicionado.

Conducción de gases combustibles, propano, gas natural, butano, etc.

Aire comprimido.

Instalaciones de aceite hidráulicas, etc.

Tubos de cobre para uso sanitario y calefacción Barras rectas de 5 metros y rollos. Estado: duro o recocido				
Diámetro exterior mm	Espesor mm.	Peso Kg/m.	Presión de trabajo admisible, Bar.	Caudal l/seg
6	1	0,14	229	0,013
8	1	0,2	163	0,028
10	1	0,25	127	0,05
12	1	0,31	104	0,079
15	1	0,39	82	0,133
18	1	0,48	67	0,201
22	1	0,59	54	0,314
22	1,2	0,7	66	0,302
22	1,5	0,86	84	0,284
28	1	0,75	42	0,531
28	1,2	0,9	59	0,515
28	1,5	1,11	65	0,491
35	1	0,93	33	0,855
35	1,2	1,11	40	0,835
35	1,5	1,4	51	0,804
42	1	1,15	27	1,257
42	1,2	1,38	34	1,232
42	1,5	1,7	42	1,195
54	1,2	1,76	26	2,051
54	1,5	2,2	33	2,043
65	2	3,47	37	2,827
76,1	2	4,14	31	4,083
88,9	2	4,86	26	5,661
108	2,5	7,37	27	8,332
133	3	10,9	26	12,668
159	3	13,1	22	18,385

En construcción se emplea debido a su buen comportamiento contra la corrosión y su estética, en:

Fabricación de planchas para recubrir techumbres.

Canalizaciones para la conducción de aguas de lluvia.

En fabricación de elementos industriales, aprovechando su buena conductibilidad térmica:

Calderas.

Intercambiadores de calor.

Alambiques.

Utensilios de cocina.

En fabricación de elementos industriales, aprovechando su baja resistencia eléctrica.

Cables conductores.

Conectores.

Partes de componentes eléctricos, contactares, relés, fusibles, etc.

Bobinado de motores.

Transformadores.

etc.

También se emplea aleado con otros elementos. Sus principales aleaciones son los bronces y los latones.

Los bronces son aleaciones de cobre y estaño. Su dureza es tanto mayor cuanto mayor sea la cantidad de estaño que contienen. Se emplean en la fabricación de piezas moldeadas, muy introducido en la fabricación de piezas para soldar con tubo de cobre por capilaridad y la fabricación de piezas desmontables de fontanería, para casquillos de bombillas, campanas, etc.

Los latones son aleaciones de cobre y cinc. Se emplean para fabricar llaves y válvulas para gas y agua, en canalizaciones, bisagras, tornillos, etc.

Figura 1. Accesorio de Latón.

4. METALES LIGEROS (ALUMINIO Y ALEACIONES)

El aluminio es un metal de color plateado claro, muy resistente a la oxidación. Tras el magnesio es el metal más ligero que nos podemos encontrar usualmente; tiene una densidad de 2669.9 Kg/m3, unas tres veces y media menos pesado que el acero.

Tiene un corte muy rápido, es fácil de trabajar, pero si es muy puro se queda adherido a los útiles de corte y dificulta la operación; normalmente lo encontramos aleado con otros metales.

Aunque es muy activo químicamente, resulta muy resistente a la corrosión debido a que el óxido que se forma en contacto con aire húmedo queda adherido a la superficie, evitando así el contacto del metal con la atmósfera; si se le da un tratamiento de oxidación anódica (anodinado) se logra una capa mucho más densa, que se adhiere a la superficie protegiéndolo más de la oxidación; este tratamiento permite fijar colores que resultan muy estéticos.

Es un buen conductor eléctrico.

Es un material que tiene multitud de aplicaciones en la industria, en la construcción y el sector doméstico; destaca en el mundo de las instalaciones de climatización y calefacción, en la construcción de radiadores de agua caliente, en la construcción de maquinaria con perfilería de aluminio; por sus características de poco peso, facilidad de trabajo y estética, en la construcción conducciones de aire con perfilería de aluminio, en la construcción de material de difusión de aire (compuertas, rejillas, difusores etc.).

Figura 2. Compuerta de aluminio.

Figura 3. Radiador de aluminio.

Figura 4. Difusor de aluminio.

Figura 5. Rejilla de alumnio.

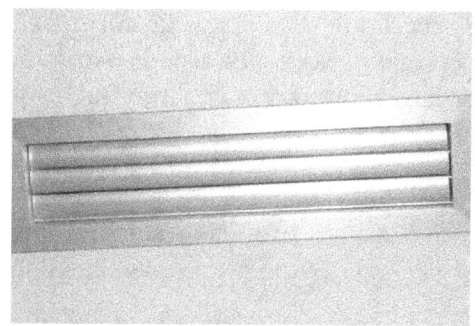

5. DEFINICIONES GENERALES APLICADAS A LOS TRATAMIENTOS TÉRMICOS

El tratamiento térmico de los metales es una de las técnicas fundamentales que se emplean para alcanzar las propiedades mecánicas para las cuales se han diseñado. Mediante un proceso de calentamiento, mantenimiento de la temperatura y enfriamiento de las piezas, se transforma la estructura de los materiales modificando algunas de sus propiedades.

Los tratamientos térmicos son aplicados tanto en los aceros como en las aleaciones no férreas, distinguiéndose el proceso a cada tipo de material básicamente en las temperaturas a las que se deben calentar, dependiendo del tipo de material.

Temple.

El temple tiene por objeto endurecer y aumentar la resistencia de los materiales. Para ello, se calienta el material a una temperatura ligeramente más elevada que la crítica y se somete a un enfriamiento más o menos rápido (según características de la pieza) con agua, aceite, etc.

Revenido.

Se suele usar con las piezas que han sido sometidas a un proceso de templado. El revenido disminuye la dureza y resistencia de los materiales, elimina las tensiones creadas en el temple y se mejora la tenacidad, dejando al acero con la dureza o resistencia deseada. Se distingue básicamente del temple en cuanto a temperatura máxima (unos 50° C menor que el templado) y velocidad de enfriamiento (se suele enfriar al aire).

Recocido.

Consiste básicamente en un calentamiento hasta temperatura de austenización (800 – 925° C) para el acero y de 300° C para el cobre, seguido de un enfriamiento lento. Con este tratamiento se logra aumentar la elasticidad, mientras que disminuye la dureza. También facilita el mecanizado de las piezas al homogeneizar la estructura, afinar el grano y ablandar el material, eliminando la acritud que produce el trabajo en frío y las tensiones internas.

Normalizado.

Este tratamiento se aplica a piezas que han sido transformadas (laminado, soldadura, forjado, etc.) por lo que sus propiedades han sido modificadas.

Se pretende devolverle las propiedades iniciales que tenía el material antes de ser transformado.

Figura 6.

DIAGRAMA EQUILIBRIO HIERRO.CARBONO

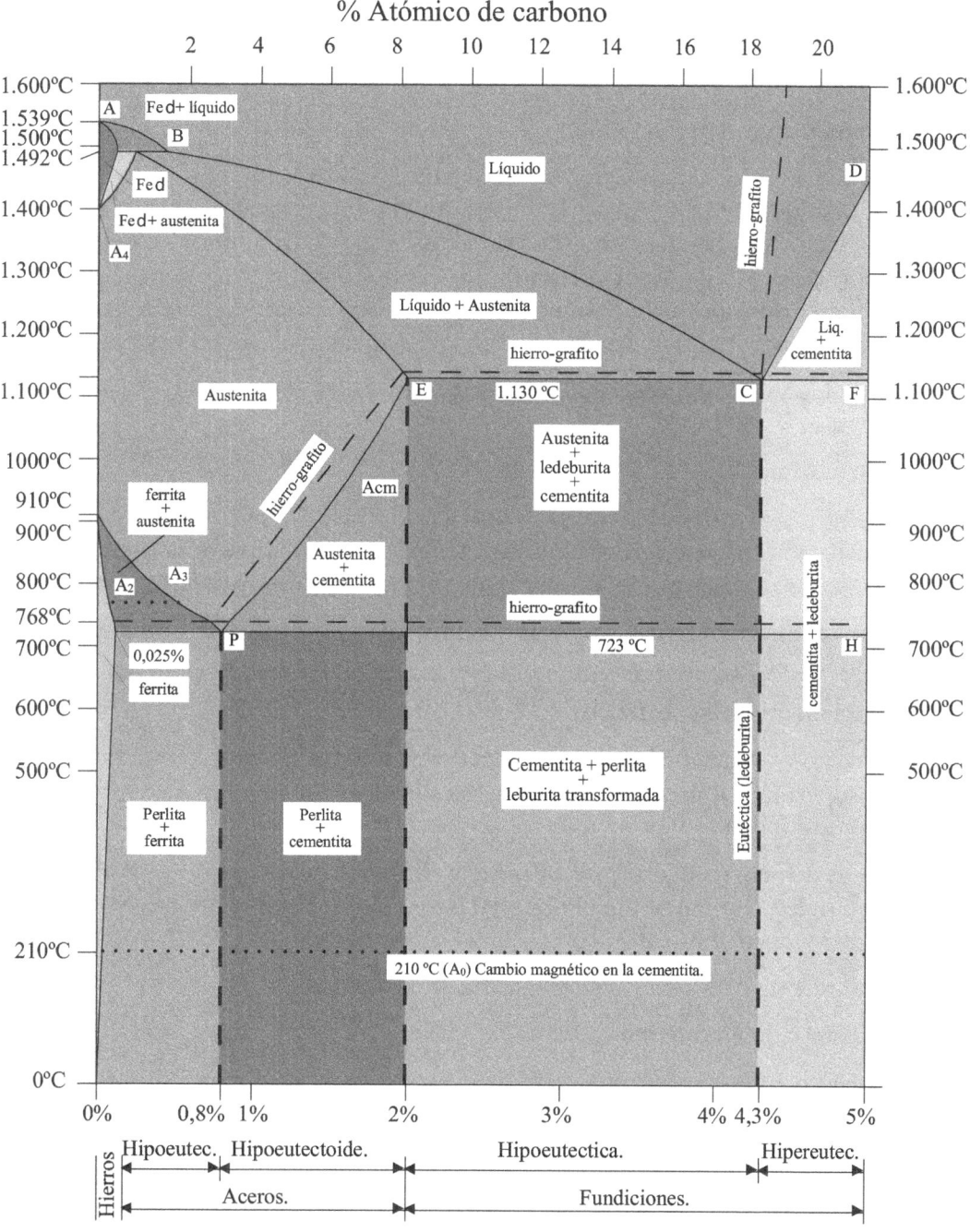

Tratamientos termo–químicos del acero.

Además de la transformación que supone en los aceros los tratamientos térmicos, éstos también pueden ser sometidos a un proceso de transformación química mientras se produce el tratamiento térmico, añadiendo diferentes productos químicos.

Estos tratamientos tienen efecto sólo superficial en las piezas tratadas y son:

Cementación.

Mediante este tratamiento se producen cambios en la composición química del acero. Se consigue teniendo en cuenta el medio o atmósfera que envuelve el metal durante el calentamiento y enfriamiento. Lo que se busca es aumentar el contenido de carbono de la zona periférica, obteniéndose después, por medio de temples y revenidos, una gran dureza superficial, resistencia al desgaste y buena tenacidad en el núcleo.

Este tratamiento se suele aplicar a engranajes, ejes y piezas sometidas al desgaste.

Nitruración.

Este tratamiento termo–químico busca endurecer superficialmente un acero con nitrógeno, calentándolo a temperaturas comprendidas entre 400 – 525° C, dentro de una corriente de gas amoníaco más nitrógeno.

Este tratamiento se suele aplicar a camisas de cilindros, árbol de levas, piñones, etc.

Tratamiento de superficies.

Otro tipo de tratamiento muy empleado en la industria es el tratamiento de superficies, que consiste en cubrir la superficie de un objeto metálico con otro metal.

De esta forma se consigue la mezcla de las propiedades de los dos materiales; generalmente el material base suele ser más económico que el de recubrimiento.

Los tratamientos superficiales más habituales son:

Galvanizado en caliente.

Consiste en introducir una pieza de acero en una balsa de cinc fundido a 950° C, cuando sale una capa de cinc queda adherida a la pieza; esta capa protegerá al acero contra la corrosión. Es una técnica usada para la protección de estructuras, depósitos, tuberías de acero, accesorios de fontanería etc.

Figura 7. Accesorios de acero galvanizado.

Figura 8. Montaje con accesorios galvanizados.

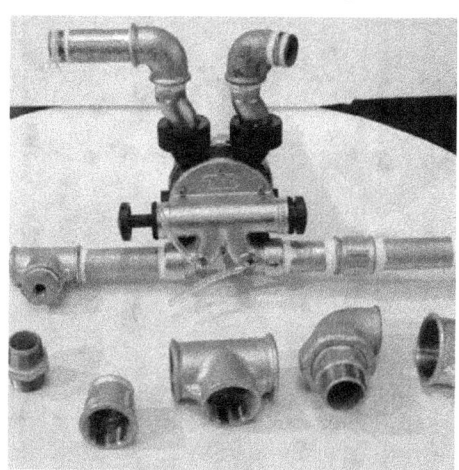

Tratamientos electrolíticos.

Cromado.

Es una técnica de protección contra la corrosión que tiene muchas variantes y se puede aplicar al acero, aluminio, magnesio y zinc. Esto resulta en la formación de óxidos metálicos en la superficie de la pieza de trabajo que reacciona para formar cromatos metálicos. El cromado de aluminio y magnesio mejora la resistencia a la corrosión considerablemente. Con el acero es mucho menos permanente.

Figura 9. Valvuleria cromada.

Anodizado.

Es un proceso generalmente aplicado al aluminio y sus aleaciones para producir una capa de óxido adherente, para dar resistencia a la corrosión o dureza a la superficie.

Figura 10. Ventana de aluminio anodinado.

Bronceado.

Es un proceso químico generalmente aplicado al acero para dar la apariencia de bronce (cloruro de antimonio en ácido clorhídrico seguido por cloruro de amonio en ácido acético diluido). La capa de "Bronce" resultante no tiene resistencia a la corrosión como el verdadero bronce.

6. TRATAMIENTOS TÉRMICOS MÁS HABITUALES USADOS EN EL ENTORNO LABORAL

Habitualmente, los técnicos, por el simple hecho de trabajar los materiales, los están sometiendo a tratamientos térmicos, intencionadamente o no.

Cuando se procede a soldar un tubo con soldadura oxiacetilénica se calienta hasta un estado plástico e incluso se funden los bordes del tubo, al enfriarse, dependiendo de la velocidad, se puede crear un templado de la tubería en el extremo que la hará más frágil y dura. Es conveniente que el enfriamiento sea lo más lento posible y permitir al metal reordenarse en su enfriamiento para alcanzar las propiedades que tenía antes de ser sometido a este proceso, en la medida que sea posible.

Cuando un técnico necesita curvar un tubo procedente de tubería recta de cobre necesita someterlo a un proceso de recocido, que se realiza calentando el tubo de cobre con un soplete de butano y dejándolo enfriar al aire lentamente, así tendremos un material más dúctil y maleable que podremos doblar manualmente.

También es habitual calentar el tubo para doblar cuando está caliente y conformar la curva.

7. OXIDACIÓN Y CORROSIÓN

La corrosión es la causa general de la alteración y destrucción de la mayor parte de los materiales metálicos usados y fabricados.

Tuberías desprotegidas, enterradas bajo tierra, expuestas a la atmósfera o sumergidas en agua son objeto de la corrosión. Sin un apropiado mantenimiento, cualquier red de tuberías puede deteriorarse. La corrosión puede debilitar la tubería y convertirla en un elemento inseguro para el transporte de fluidos.

Existen varios métodos de clasificar los distintos tipos de corrosión; nosotros distinguiremos:

La **corrosión electrolítica**; ocurre cuando dos metales están contacto uno con otro y tienen diferentes potenciales electrolíticos. Éste es el principal causante de la mayoría de las corrosiones encontradas en aceros.

Cuando un metal tiene un potencial negativo tiene tendencia a desprenderse de iones positivos y se denominan ánodos; por el contrario, los que tienen potencial positivo tienen tendencia a recogerlos, son los llamados metales nobles.

Si se ponen en contacto dos metales con potencial distinto, el que más potencial tiene se convierte en cátodo y el otro en ánodo; este fenómeno se aumenta con la diferencia de potencial entre ambos metales: cuanto más lejanos estén mayor será este fenómeno.

De los dos metales, el ánodo estará sometido al efecto de la corrosión y el cátodo estará protegido y se mantendrá estable.

Ejemplos:

1. Cuando juntamos una tubería de acero y una tubería de cobre, el acero aumenta su ritmo de corrosión, estamos formando un par electroquímico que perjudica al acero.

Se debe poner entre ambos metales una junta electrolítica que evite el contacto y la transmisión de corrientes entre ambos.

Aun así, siempre debemos tener la precaución adicional de poner las tuberías de diferente par galvánico en sentido ascendente considerando el sentido de la circulación del agua.

En todas las instalaciones hay rebabas y pequeños trozos de tubería cuando están recién instaladas; si instalamos una tubería de cobre antes que una de acero, los trocitos de cobre que se desprendan pueden depositarse en la tubería de acero formando una pila galvánica que provocará la corrosión de la tubería de acero.

Si, en cambio, el sentido de la circulación es al contrario, los trocitos de acero que se puedan escapar no perjudicarán la tubería de cobre.

Cobre + acero = corrosión del acero.

Acero + Zinc = Corrosión del Zinc.

Cobre + acero = corrosión del acero.

Acero + Zinc = Corrosión del Zinc.

2. Cuando el proveedor nos vende tubería de acero galvanizado, nos está vendiendo una tubería de acero normal que ha sido sometida a un proceso de galvanización, que consiste en bañar el tubo en una balsa de zinc en estado líquido; cuando sale éste se enfría y forma una capa que envuelve el acero.

Cuando la tubería se somete a la corrosión, el ánodo, en este caso el zinc, pierde masa y se oxida protegiendo el acero.

Serie Galvánica		
Metal	Símbolo	Potencial.
Platino	Pt	+0,30
Oro	Au	+0,22
Cromo	Cr	+0,20
Acero inox	(18-8)	+0,10
Mercurio.	Hg.	0,00
Plata	Ag.	-0,05
Cobre	Cu.	-0,18
Hidrógeno	H.	-0,25
Níquel	Ni	-0,27
Estaño	Sn	-0,44
Plomo	Pb.	-0,47
Cromo	Cr (Activo)	-0,60
Hierro	Fe.	-0,65
Aleación	Al-Cu.	-0,65
Aluminio	Al.	-0,74
Cadmio	Cd.	-0,78
Aleación	Al.Mg	-0,79
Zinc	Zn.	-1,06
Magnesio	Mg.	-1,63

La **corrosión a temperatura ambiente**, que es la más común, se produce generalmente en los aceros.

La **corrosión a altas temperaturas**; los metales aumentan la velocidad de la corrosión con el aumento de la temperatura.

La **corrosión química** es el resultado del ataque por compuestos ácidos o alcalinos, los cuales disuelven la superficie del metal.

Protecciones contra la corrosión

Cada situación requiere de una técnica de protección y estudio diferente; distinguiremos entre las protecciones activas contra la corrosión y las protecciones pasivas.

Las instalaciones enterradas están sometidas al proceso de la corrosión; cuando el terreno es conductor de la electricidad, tiene humedad, la propia tubería genera pilas galvánicas que generan zonas anódicas que desprenden cationes que reaccionan con el oxigeno disuelto en el agua para formar óxidos y descomponer la tubería; véase dibujo.

Figura 11.

PROCESO DE CORROSIÓN TUBERIAS ENTERRADAS.

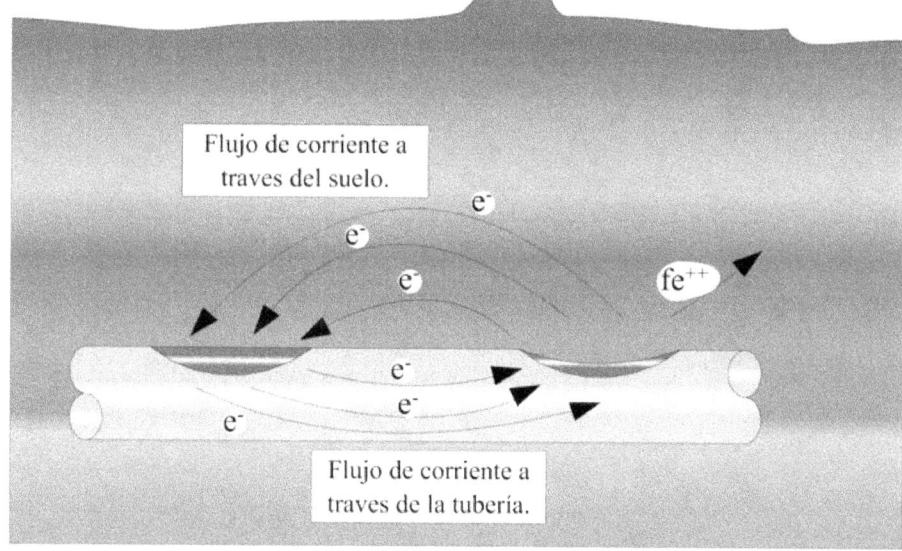

Flujo de corriente a traves del suelo.

Flujo de corriente a traves de la tubería.

Cada situación requiere de una técnica de protección y estudio diferente; distinguiremos entre las protecciones activas contra la corrosión y las protecciones pasivas. Las instalaciones enterradas están sometidas al proceso de la corrosión; cuando el terreno es conductor de la electricidad, tiene humedad, la propia tubería genera pilas galvánicas que generan zonas anódicas que desprenden cationes que reaccionan con el oxigeno disuelto en el agua para formar óxidos y descomponer la tubería; véase dibujo.

Protección catódica pasiva.

Una forma de corregir este fenómeno de corrosión enterrada es utilizando la técnica de protección pasiva por ánodos de sacrificio.

Se coloca una pieza de un metal más electronegativo que la tubería a enterrar en contacto con el terreno (generalmente, zinc o magnesio), conectada eléctricamente a la tubería mediante un cable conductor.

Una vez realizada la instalación del ánodo de sacrificio, la tubería se convierte en un cátodo protegido y el metal de sacrificio empieza a descomponerse.

Figura 12.

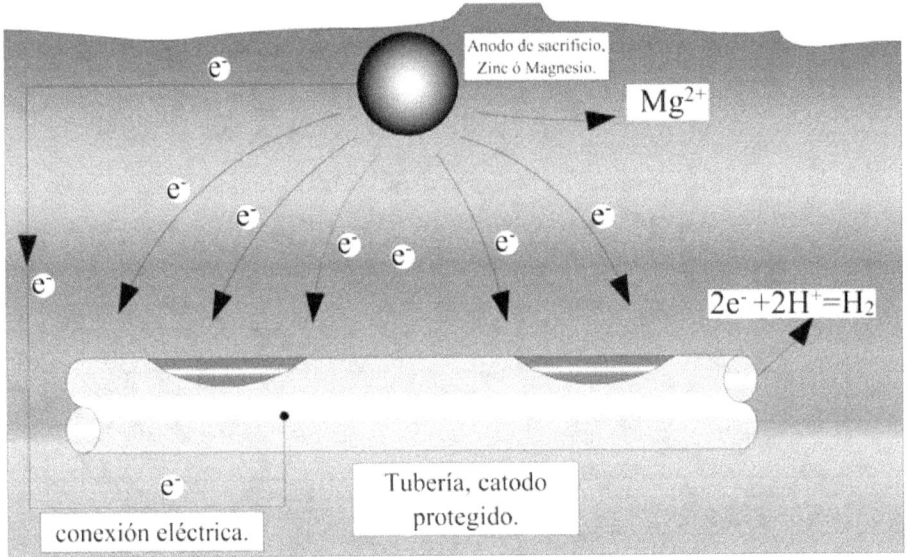

PROTECCIÓN PASIVA MEDIANTE ANODO DE SACRIFICIO.

Protección catódica activa.

Una variante de esta técnica, que resulta más eficaz, pero más costosa, es la llamada de "protección activa" o "protección de corrientes dirigidas". Consiste en colocar un rectificador que obliga a circular la corriente; de esta manera la protección depende menos de la casuística que se origina en la conductividad del terreno (véase figura).

Figura 13.

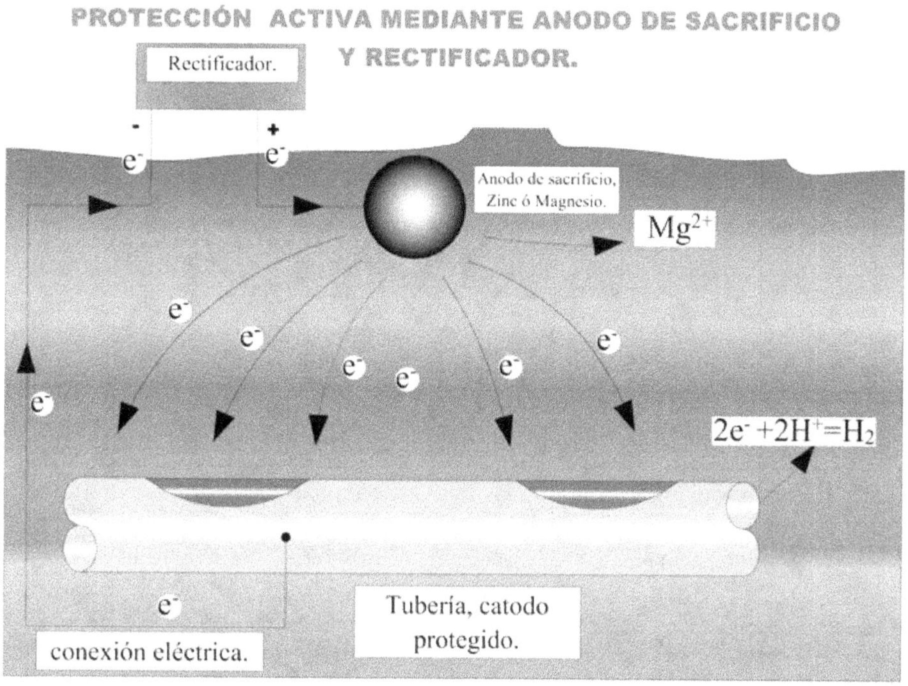

PROTECCIÓN ACTIVA MEDIANTE ANODO DE SACRIFICIO Y RECTIFICADOR.

Recubrimientos y revestimientos.

Una manera lógica de proteger los materiales de las instalaciones es aislarlos del medio corrosivo: si no está en contacto con la atmósfera, con el terreno o con el medio que inicia el proceso de la corrosión, ésta no se producirá o se retrasará hasta que el recubrimiento se deteriore por el paso del tiempo o por interferencias externas (golpes, rozaduras, etc.).

Es un método que se suele emplear solo o como complemento a la protección por ánodos de sacrificio; consiste en recubrir el material con pinturas, plásticos o recubrimientos electrolíticos.

Selección de materiales.

Es de pura lógica que la forma más razonable de luchar contra la corrosión sea la selección de materiales que no la padezcan o que tengan una durabilidad aceptable; deberemos pensar en aceros inoxidables, materiales plásticos, aceros protegidos, galvanizados, etc.

En el diseño de la instalación es fundamental conocer el medio en el que los materiales van a colocarse y prever los problemas antes de que surjan.

8. ESTRUCTURACIÓN Y MANEJO DE LAS NORMAS UNE

¿Qué es la normalización?

La normalización es una actividad colectiva encaminada a establecer soluciones a situaciones repetitivas.

En particular, esta actividad consiste en la elaboración, difusión y aplicación de normas.

La normalización ofrece a la sociedad importantes beneficios, al facilitar la adaptación de los productos, procesos y servicios a los fines a los que se destinan, protegiendo la salud y el medio ambiente, previniendo los obstáculos al comercio y facilitando la cooperación tecnológica.

¿Qué es una norma?

Las normas son documentos técnicos con las siguientes características:

- Contienen especificaciones técnicas de aplicación voluntaria.
- Son elaborados por consenso de las partes interesadas:

  Fabricantes.

  Administraciones.

  Usuarios y consumidores.

  Centros de investigación y laboratorios.

  Asociaciones y Colegios Profesionales.

  Agentes Sociales, etc.
- Están basados en los resultados de la experiencia y el desarrollo tecnológico.
- Son aprobados por un organismo nacional, regional o internacional de normalización reconocido.
- Están disponibles al público.

Las normas ofrecen un lenguaje común de comunicación entre las empresas, la Administración y los usuarios y consumidores, establecen un equilibrio socioeconómico entre los distintos agentes que participan en las transacciones comerciales, base de cualquier economía de mercado, y son un patrón necesario de confianza entre cliente y proveedor.

Tabla sobre algunas normas de referencia de los aceros.

Código:	Fecha de edición:	Título:	Equivalencia:
UNE 36001:1985	16/3/89	PRODUCTOS FERREOS. DEFINICIONES	
UNE-EN 10052-0-0:1994	20/7/98	VOCABULARIO DE LOS TRATAMIENTOS TERMICOS PARA LOS PRODUCTOS FERREOS.	EN 10052:1993
UNE 36002:1984	16/6/88	HIERRO. DEFINICIONES	
UNE-EN 10020:2001	1/3/05	DEFINICIÓN Y CLASIFICACIÓN DE LOS TIPOS DE ACERO	
UNE 36005:1991	7/6/95	DEFINICION Y CLASIFICACION DE ARRABIO Y LINGOTE DE HIERRO	EN 10001:1990
UNE ECISS IC 10:1993	1/2/97	SISTEMAS DE DESIGNACION DE LOS ACEROS. SIMBOLOS ADICIONALES PARA LA DESIGNACION SIMBOLICA DE LOS ACEROS	
UNE-ECISS-IC 10:1993 IN	25/12/97	SISTEMAS DE DESIGNACION DE LOS ACEROS. SIMBOLOS ADICIONALES PARA LE DESIGNACION SIMBOLICA DE LOS ACEROS. (VERSION OFICIAL ECISS IC 10:1993).	ECISS-IC 10:1993
UNE 36005:1991	7/6/95	DEFINICION Y CLASIFICACION DE ARRABIO Y LINGOTE DE HIERRO	EN 10001:1990
UNE 36199:1973	16/12/77	CLASIFICACION DE CHATARRAS DE ACERO NO ALEADO PARA USO GENERAL	
UNE 36280:1977 EX	16/6/81	CLASIFICACION DE PIEZAS DE ACERO MOLDEADO SEGUN EL EXAMEN POR ULTRASONIDOS	
UNE 36281:1977 EX	16/5/81	CLASIFICACION DE LAS PIEZAS DE ACERO MOLDEADO SEGUN EL EXAMEN POR LIQUIDOS PENETRANTES	
UNE 36282:1980 EX	16/5/84	CLASIFICACION DE PIEZAS DE ACERO MOLDEADO SEGUN EL EXAMEN POR PARTICULAS MAGNETICAS	

¿Qué es una norma UNE?

Una norma UNE es una especificación técnica de aplicación repetitiva o continuada cuya observancia no es obligatoria, establecida con participación de todas las partes interesadas, que aprueba AENOR, organismo reconocido a nivel nacional e internacional por su actividad normativa (Ley 21/1992, de 16 de julio, de Industria).

Si deseas ampliar esta información sobre normativa UNE puedes consultar en http://www.calsider.es

Si deseas ampliar esta información sobre normativa UNE puedes consultar en http://www.calsider.es

RESUMEN

Los materiales metálicos, por sus características y costo, son los más utilizados en la construcción de maquinaria e instalaciones; en algunas parcelas empiezan a ser sustituidos por materiales plásticos, pero siguen siendo un elemento fundamental en la industria.

Hemos visto que sufren problemas de corrosión y que con una buena planificación se pueden evitar en gran medida.

Los metales férricos o de siderurgia son los que mayor cuota de mercado tienen tradicionalmente, con ellos se pueden fabricar prácticamente todo; el cobre es muy usado en instalaciones de tuberías y en la construcción de materiales conductores de la electricidad y el aluminio cada vez es más usado.

Un buen técnico debe conocer y seleccionar el material adecuado a cada situación, siguiendo criterios económicos, de fiabilidad de la instalación y de facilidad de instalación o fabricación.

CUESTIONARIO DE AUTOEVALUACIÓN

1. Qué tratamiento térmico tiene un tubo de cobre rígido y qué otro tratamiento se le aplica en obra para facilitar su doblado.

2. Elabora un cuadro con los materiales metálicos más usuales en las instalaciones de tubería indicando sus propiedades físicas, tecnológicas y su campo de utilización más adecuado.

3. Analiza el proceso de corrosión de una tubería de acero enterrada e indica un par de soluciones.

4. Explica las características físicas y mecánicas de los materiales metálicos y sus aleaciones.

5. Realizar un listado con las soluciones que hay que adoptar para evitar o mitigar la aparición de corrosión en una instalación de agua caliente sanitaria.

6. Explica la diferencia entre el acero y el hierro.

7. Qué diferencia existe entre la función y el acero.

8. ¿Un acero inoxidable puede tener corrosión? Fundamenta la respuesta

9. ¿–Están los cuchillos sometidos a un proceso de templado? Justifica tu respuesta.

10. Sea una instalación en la que una tubería de cobre está en contacto directo con una de acero ¿Qué material está sometido a un proceso de corrosión acelerada? ¿Por qué? Enumera una posible solución para el problema.

U.D. 4 MATERIALES PLÁSTICOS Y COMPUESTOS

UD 4

ÍNDICE

INTRODUCCIÓN

Los plásticos naturales han sido usados por el hombre durante milenios para obtener herramientas u objetos.

Pero otra cosa es cuando hablamos de los plásticos artificiales, en este caso, podríamos marcar el inicio de su historia en 1869, cuando John Wesley Wyatt fabricando unas bolas de billar descubrió el celuloide. Su repercusión en la industria se puede datar en 1907, con la obtención de una resina fabricada a partir de fenol y formaldehído, que recibió el nombre de baquelita. A partir de aquí apareció una industria que ha llegado a ser una de las diez mayores del mundo.

Nuevos estudios sobre la polimerización dan como resultado el primer caucho sintético en 1930 y el nylon en 1937. Entre las dos guerras mundiales, se va avanzando en el desarrollo de los plásticos. Para, inmediatamente después de este periodo, con la bajada de precio del petróleo, originar un rápido crecimiento en el uso de estos materiales. En los años cincuenta y sesenta podríamos decir que fue el momento en el cual esta industria tuvo mayor apogeo, para después tener ya un avance más moderado.

Hoy día, en nuestra sociedad, sólo hace falta que demos un vistazo a nuestro alrededor para darnos cuenta de que estamos rodeados de plástico. El acabado de mucho objetos se lo debemos a pinturas y barnices, nuestros ropajes llevan fibras sintéticas, cubrimientos de láminas de melanina, envoltorios, embalajes, carcasas, etc. En definitiva, gran parte de los objetos que utilizamos a diario vemos que están hechos, entera o parcialmente, de plástico: aviones, aparatos musicales, mecheros, neveras. Este gran uso que se hace de este material se debe en gran parte a su precio competitivo y a propiedades que posee mucho más ventajosas que otros materiales a los que sustituye.

Figura 1. Caja de herramientas de plástico.

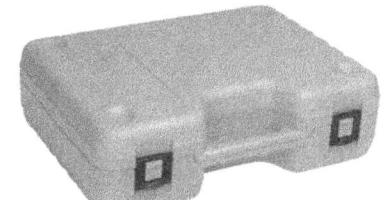

111

OBJETIVOS

Conocer los plásticos más usados en las instalaciones.

Enumerar las propiedades de los plásticos.

Reconocer y diferenciar los plásticos y sus aplicaciones.

Conocer las propiedades principales de los termoplásticos y los termoestables.

Conocer los posibilidades de transformación de los diferentes plásticos.

Trabajar con seguridad los materiales plásticos.

1. PLÁSTICOS, CLASIFICACIÓN, NATURALEZA Y PROPIEDADES

Como ya hemos visto, los plásticos están presentes en todos los sectores industriales, existen industrias muy potentes destinadas a fabricarlos. Aquí estudiaremos las propiedades y el uso de los materiales plásticos que se aplican y trabajan en las instalaciones.

Figura 2. Maquina desastascadora con tuberías de alta y baja presión plásticas.

Propiedades generales de los plásticos

La variedad de plásticos existentes es muy alta, cada uno tiene una composición distinta y propiedades que lo diferencian de los demás, pero como familia de productos presentan unas características que lo diferencian del resto de materiales:

- Baja densidad: su peso por metro cúbico oscila entre 0.9 y 2.3 g/cm^3; se pueden producir elementos de bajo peso si lo comparamos con el acero, con una densidad de 7.8 g/cm^3, o con el aluminio de 2.7 g/cm^3, lo que los hace idóneos para piezas y componentes de la industria del transporte, como aviones, barcos, automóviles o trenes.

- Transparencia: algunos plásticos presentan esta propiedad y son sustitutos del vidrio en muchas aplicaciones.

- Es posible realizar un proceso de conformación a bajas temperaturas y baja presión, resultando muy fácil y económico la transformación y fabricación de piezas con este sistema.

- Alta maquinabilidad, resultando muy fácil su transformación con máquinas herramientas, tornos, limadoras, fresadoras, etc.

- Facilidad de soldadura a bajas temperaturas, realizando soldaduras rápidas y seguras.

113

- Alto grado de inalterabilidad ante productos químicos, lo que los hace muy adecuados para revestimientos en industrias químicas, conducciones de fluidos, objetos a la intemperie.

- Alta resistencia al paso del tiempo a temperaturas moderadas, y elevado grado de resistencia a la corrosión, lo que permite configurar instalaciones de agua con grandes garantías de durabilidad.

- No depositan elementos químicos ni interactúan con las instalaciones sanitarias.

- Su conductividad térmica y eléctrica es muy baja por lo que se emplean como aislantes en la mayoría de los componentes o materiales eléctricos y como aislantes térmicos en cámaras frigoríficas, tuberías, en los muros de las casas, etc.

- Son muy fácilmente coloreables, lo que origina, para cualquier aplicación, un acabado muy estético.

El objeto de este libro es conocer los materiales y su tratamiento por parte de los técnicos instaladores, por lo que clasificaremos los materiales plásticos en función de la aplicación que se le da.

- Conducción de fluidos.

- Aislamiento térmico.

- Aislamiento eléctrico.

- Protección de materiales frente a la corrosión.

- Fabricación de elementos auxiliares de las instalaciones.

- Fabricación de máquinas.

Figura 3. Rodillera de plástico.   Figura 4. Maza de plástico.

Conducción de fluidos

Cada día son más utilizadas las tuberías plásticas. Características como su bajo peso, poca conductividad térmica, resistencia a la corrosión y el paso del tiempo, facilidad de montaje, economía y su aumento progresivo de las características técnicas y precio hacen de las tuberías plásticas una opción cada vez más empleada.

Los plásticos más usados en la fabricación de tuberías son:

PVC (Cloruro de polivinilo).

PE (Polietileno).

PP (Polipropileno).   PTFE (Teflón).

PA (Poliamida, Nylon).

PB (Polibutileno).

Figura 5. Tuberías plásticas.   Figura 6. Tubería plástica y transparente.

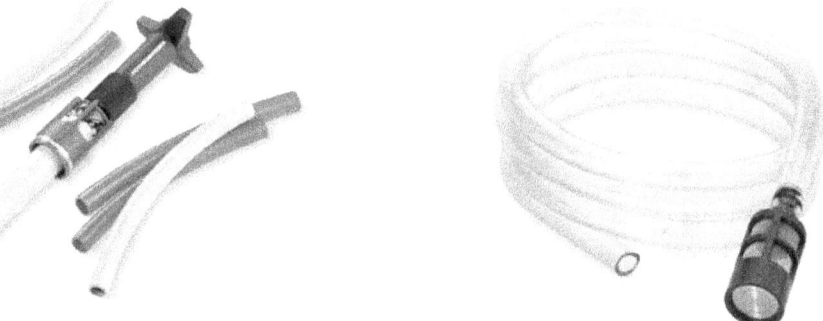

Aislamientos térmicos

Son muy usadas en la industria y en el sector residencial las espumas de plásticas aislantes, entre las que destacan:

- Espuma de poliestireno expandido o extruido.
- Espumas rígidas de poliuretano.
- Espumas fenólicas.
- Espumas de cloruro de vinilo.
- Espumas de poliéster.
- Espumas de ebonita.
- Espumas de urea–formol.

115

Aislamientos eléctricos

La propiedad de resistencia eléctrica y de flexibilidad hace del PVC un recubrimiento ideal para cubrir los cables eléctricos, también son empleados los demás plásticos como conducciones de cables eléctricos al aire o bien empotradas.

Fabricación de elementos auxiliares de las instalaciones

Los materiales plásticos están muy presentes en las instalaciones, resultando de gran utilidad; nombrando algunos elementos, tenemos:

Elementos antivibratorios: Caucho.

Soportes de tuberías, accesorios, radiadores, etc.: Poliamida.

Válvulas resistentes a la corrosión: PVC, PP, PTFE, etc.

Bombas de circulación de fluidos. PVC, PP, PTFE, etc.

Depósitos de agua y de combustibles: PTE, PVC, etc.

Canaletas protección: tuberías frigoríficas y de calefacción.

Elementos de ventilación: ventiladores, etc.

Figura 7. Bomba desincrustante circuitos.   Figura 8. Recipiente para filtro de agua.

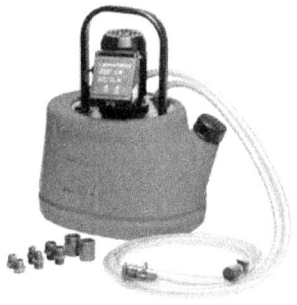

Figura 9. Descalcificador y deposito de sal.   Figura 10. Abrazadera de poliamida.

116

Fabricación de máquinas

En la fabricación de máquinas son muy apreciados; hoy resulta extraño encontrar una máquina en la que alguna pieza no sea de plástico, por que se puede decir que están presentes en la mayoría de elementos fabricados.

2. TERMOPLÁSTICOS INDUSTRIALES Y DE USO GENERAL

Los materiales termoplásticos se caracterizan por ser duros y frágiles a temperatura ambiente, cuando se aumenta su temperatura se reblandecen y pierden sus propiedades mecánicas, para recuperarlas completamente cuando vuelven a la temperatura ambiente; este proceso se puede repetir sucesivas veces y siempre se obtiene el mismo resultado.

Entre los termoplásticos se pueden dar dos casos: los que tienen una temperatura de transición vítrea T_g (son materiales amorfos) y los que tienen una temperatura de fusión T_m (son materiales cristalinos).

Transición vítrea es una transición térmica que involucra un cambio en la capacidad calorífica, pero no tiene calor latente.

Son polímeros lineales, que pueden ser ramificados o no, y puesto que no se encuentran entrecruzados son polímeros solubles en algunos disolventes orgánicos.

Son, por lo tanto, materiales reciclables, se pueden fundir y volver a dar una nueva forma, son en general sencillos de producir y de poco coste económico, pero presentan el inconveniente de que pierden características mecánicas a temperaturas altas.

Los termoplásticos más utilizados son el Polietileno (PE), el polipropileno (PP), Poliestireno (PS) y el Policloruro de Vinilo (PVC). Son utilizados y fabricados en cantidades muy grandes, si los comparamos con los plásticos restantes. Más de la mitad de la cifra total procesada corresponde a los cuatro plásticos citados.

Transición vítrea es una transición térmica que involucra un cambio en la capacidad calorífica, pero no tiene calor latente.

3. TERMOESTABLES INDUSTRIALES Y DE USO GENERAL

Los plásticos termoestables, cuando se calientan por primera vez, se reblandecen, propiedad que se aprovecha industrialmente para darles forma. Pero cuando se enfrían, cambian en sus propiedades físicas y químicas, haciéndose más duros, rígidos, insolubles y no se pueden volver a fundir. Estos plásticos no se reblandecen con el aumento de la temperatura (termoestables); de forma que cuando se vuelven a calentar no experimentan cambios en sus propiedades físicas, a no ser que se carbonice por exceso de temperatura.

4. CONFORMADO DE PLÁSTICOS

4.1. Tipos (inyección, extrusión, composite este)

Una de las características principales de los plásticos es la posibilidad que ofrecen de ser transformados; las formas de transformación más habituales son:

Conformación por moldeo

Moldeo por compresión.

Es un sistema empleado en la fabricación de piezas pequeñas con materiales termoestables en forma de polvo, la presión y el calor realizan la transformación.

El polvo es introducido en un molde caliente. Una segunda pieza del molde presiona la primera con el polvo calentado en el interior de la primera. Se deja hacer efecto a la presión y el calor aparece una vez enfriada la pieza moldeada, pudiendo proceder al desmoldeo.

Moldeo por inyección.

Este sistema se emplea con materiales termoplásticos, procediendo a un reblandecimiento previo del material, éste es inyectado con la ayuda de una prensa en un molde metálico que al dejarse enfriar nos proporciona la pieza de plástico moldeada.

Moldeo por extrusión.

Este sistema es utilizado para obtener productos alargados en producción continua (tubería, perfiles, barras, etc.).

Consta de una prensa en continuo accionada por el sistema de pistón o de tornillo en la que se deposita el material termoplástico, reblandecido o no; una vez reblandecido el material, es presionado y obligado a salir por una boquilla que tiene la forma del material que se desea fabricar.

Al salir de la prensa es enfriado y cortado según las medidas de fabricación deseadas, lo que permite obtener formas de fabricación sencillas o complejas, dependiendo simplemente de la forma de la boquilla instalada.

Figura 11. Tubería de polietileno moldeada por extrusión.

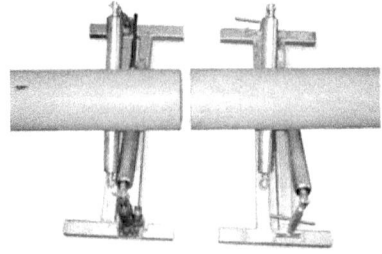

Otros tipos de moldeo.

Existen gran cantidad de técnicas de moldeo; la complejidad de las piezas a conseguir hacen que en ocasiones se tenga que proponer un sistema de moldeo específico por pieza y su máquina específica.

En general, se pueden combinar técnicas con moldes especiales, usando vacío, soplado de aire, extrusión, presión etc.

Conformación por colada.

Es un proceso muy usado en los metales, se calienta el plástico hasta tener una masa fundida que es introducida en un molde que tiene la forma de la pieza que se quiere fabricar, se le deja enfriar hasta que adquiere la forma deseada y la consistencia necesaria y se procede al desmoldeo.

Los moldes pueden ser sencillos, de una pieza sólo, o complejos, dependiendo de las piezas a obtener.

Conformado mecánico.

Una de las características principales que hacen que su uso sea muy extendido es su maquinabilidad que puede ser con arranque o no de material.

Sin arranque de material.

Si se procede a cierto calentamiento hasta ser reblandecidos, se pueden conseguir transformaciones muy simples del material por los siguientes métodos.

- Laminado.
- Embutición.
- Forja.
- Estampación.
- Recalcado.
- Doblado.
- Curvado.

Con arranque de material.

Técnicas aplicables a todo tipo de plásticos termoestables y termoplásticos, aunque más extendida entre los termoplásticos.

Las técnicas de conformado a las que pueden someterse son las siguientes:

- Torneado.
- Aserrado.
- Taladrado.

- Punzonado.

- Fresado.

- Limado.

Conformado por unión.

Éste es posiblemente el conjunto de técnicas más empleadas por los instaladores; son:

Soldadura blanda de materiales plásticos.

Gas o aire caliente.

Calor y presión (ver punto 10.1.7 del presente libro).

Útil caliente.

Pegado mediante adhesivos (ver punto 9.2.2).

4.2. Aplicación de acuerdo con la utilidad de la pieza conformada y el material empleado

Las aplicaciones de los plásticos son tan amplias y variadas como imposibles de enumerar, por lo que nos conformaremos con unos resúmenes de aplicaciones obtenidas en diversas fuentes para dar una idea de las aplicaciones más extendidas.

TIPO / NOMBRE	CARACTERÍSTICAS	USOS / APLICACIONES
PET Polietilentereftalato	Se produce a partir del Ácido Tereftálico y Etilenglicol, por poli condensación; existiendo dos tipos: grado textil y grado botella. Para el grado botella se lo debe post condensar, existiendo diversos colores para estos usos.	Envases para refrescos, aceites, agua, cosméticos, frascos varios, películas transparentes, fibras textiles, envases al vacío, bolsas para horno, cintas de video y audio, películas radiográficas.
PEAD (HDPE) Polietileno de Alta Densidad	El polietileno de alta densidad es un termoplástico fabricado a partir del etileno (elaborado a partir del etano). Es muy versátil y se lo puede transformar de diversas formas: Inyección, Soplado, Extrusión, o Rotomoldeo.	Envases para detergentes, aceites automotores, lácteos, bolsas para supermercados, bazar y menaje, cajones para pescados, refrescos y cervezas, cubetas para pintura, helados, aceites, tambores, tubería para gas, telefonía, agua potable, minería, drenaje y uso sanitario, macetas, bolsas tejidas.
PVC Polivinil Cloruro	Se produce a partir de gas y cloruro de sodio. Para su procesado es necesario fabricar compuestos con aditivos especiales, que permiten obtener productos de variadas propiedades para un gran número de aplicaciones. Se obtienen productos rígidos o totalmente flexibles (Inyección - Extrusión - Soplado).	Envases para agua mineral, aceites, jugos, mayonesa. Perfiles para marcos de ventanas, puertas, cañería para desagües domiciliarios y de redes, mangueras, blister para medicamentos, pilas, juguetes, envolturas para golosinas, películas flexibles para envasado, rollos de fotos, cables, catéteres, bolsas para sangre.

PEBD (LDPE) Polietileno de Baja Densidad	Se produce a partir del gas natural. Al igual que el PEAD es de gran versatilidad y se procesa de diversas formas: Inyección, Soplado, Extrusión y Rotomoldeo. Su transparencia, flexibilidad, tenacidad y economía hacen que esté presente en una diversidad de envases, sólo o en conjunto con otros materiales y en variadas aplicaciones.	Bolsas para supermercados, boutiques, panificación, congelados, industriales, etc. Pañales, bolsas para suero, contenedores herméticos domésticos. Tubos y pomos (cosméticos, medicamentos y alimentos), tuberías para riego.
PP Polipropileno	El PP es un termoplástico que se obtiene por polimerización del propileno. Los copolímeros se forman agregando etileno durante el proceso. El PP es un plástico rígido de alta cristalinidad y elevado punto de fusión, excelente resistencia química y de más baja densidad. Al adicionarle distintas sustancias se potencian sus propiedades hasta transformarlo en un polímero de ingeniería. (El PP es transformado en la industria por los procesos de inyección, soplado y extrusión/termoformado).	Película/Film para alimentos, cigarros, chicles, golosinas. Bolsas tejidas, envases industriales, hilos cabos, cordelería, tubería para agua caliente, jeringas, tapas en general, envases, cajones para bebidas, cubiertas para pintura, helados, telas no tejidas (pañales), alfombras, cajas de batería, defensas y autopartes.
PS Poliestireno	PS Cristal: Es un polímero de estireno monómero (derivado del petróleo), transparente y de alto brillo. PS Alto Impacto: Es un polímero de estireno monómero con oclusiones de Polibutadieno que le confiere alta resistencia al impacto. Ambos PS son fácilmente moldeables a través de procesos de: Inyección y Extrusión/Termoformado.	Botes para lácteos, helados, dulces, envases varios, vasos, bandejas de supermercados, anaqueles, envases, rasuradoras, platos, cubiertos, bandejas, juguetes, casetes, blisters, aislantes.
Datos obtenidos de: http://www.quiminet.com/detalles_articulo.php?id=4&Titulo=Plásticos%20Comunes		

ABE (acrilonitrilo–butadieno–estireno):

Muy tenaz, pero duro y rígido; resistencia química aceptable; baja absorción de agua, por lo tanto, buena estabilidad dimensional; alta resistencia a la abrasión; se recubre con una capa metálica con facilidad.

Acetal:

Muy fuerte, plástico rígido usado en ingeniería con estabilidad dimensional excepcional, alta resistencia a la deformación plástica y a la fatiga por vibración; bajo coeficiente de fricción; alta resistencia a la abrasión y a

123

los productos químicos; conserva la mayoría de sus propiedades cuando se sumerge en agua caliente; baja tendencia a agrietarse por esfuerzo.

Acrílico:

Alta claridad óptica; excelente resistencia a la intemperie en exteriores; duro, superficie brillante; excelentes propiedades eléctricas, resistencia química aceptable; disponible en colores brillantes transparentes.

Celulósicos:

Familia de materiales tenaces y duros; acetato, propionato, butirato de celulosa y etil celulosa. Los márgenes de las propiedades son amplios debido a las composiciones; disponible con diversos grados de resistencia a la intemperie, humedad y productos químicos; estabilidad dimensional de aceptable a mala; colores brillantes.

Fluoroplásticos:

Gran familia de materiales (PTFE, FEP. PFA, CTFE, ECTFE, ETFE y PVDF) caracterizados por excelente resistencia eléctrica y química, baja fricción y estabilidad sobresaliente a altas temperaturas; la resistencia es de baja a moderada; su costo es alto.

Nylon (poliamida):

Familia de resinas usadas en ingeniería que tienen tenacidad y resistencia sobresalientes al desgaste, bajo coeficiente de fricción y propiedades eléctricas y resistencia química excelentes. Las resinas son higroscópicas; su estabilidad dimensional es peor que la de la mayoría de otros plásticos usados en ingeniería.

Óxido Fenileno:

Excelente estabilidad dimensional (muy baja absorción de humedad); con propiedades mecánicas y eléctricas superiores sobre un amplio margen de temperaturas. Resiste la mayoría de los productos químicos, pero es atacado por algunos hidrocarburos.

Poli carbonato:

Tiene la más alta resistencia al impacto de los materiales transparentes rígidos; estabilidad en exteriores y resistencia a la deformación plástica bajo carga excelentes; resistencia a los productos químicos aceptable; algunos solventes aromáticos pueden causar agrietamiento al esfuerzo.

Poliéster:

Estabilidad dimensional, propiedades eléctricas, tenacidad y resistencia química excelentes, excepto a los ácidos fuertes o bases; sensible al ranurado; no es adecuado para uso en exteriores o en instalaciones para agua caliente; también disponible en los termo fraguantes.

Polietileno:

Amplia variedad de grados: compuestos con densidad baja, mediana y alta. Los tipos BD son flexibles y tenaces. Los tipos MD y AD son más fuertes, más duros y más rígidos; todos son materiales de peso ligero, fáciles de procesar y de bajo costo; poca estabilidad dimensional y mala resistencia al calor; resistencia química y propiedades eléctricas excelentes. También se encuentra en el mercado polietileno de peso molecular ultra–alto.

Sus aplicaciones son diversas: recubrimiento de cables eléctricos, aislamientos de alta tensión, otros recubrimientos de piezas y componentes no eléctricos, envases, cubos, mangos de herramientas y tuberías.

Poliamida:

Gran resistencia al calor (500° F continuos, 900° F intermitentes) y al envejecimiento por el calor. Alta resistencia al impacto y al desgaste; bajo coeficiente de expansión térmica; excelentes propiedades eléctricas; difícil de procesar por los métodos convencionales; alto costo.

Sulfuro de polifenileno:

Resistencia sobresaliente química y térmica (450° F continuos); excelente resistencia a baja temperatura; inerte a la mayoría de los compuestos químicos en un amplio rango de temperaturas; inherentemente de lenta combustión. Requiere alta temperatura para su proceso.

Polipropileno:

Resistencia sobresaliente a la flexión y al agrietamiento por esfuerzo; resistencia química y propiedades eléctricas excelentes; buena resistencia al impacto por encima de 15° F; buena estabilidad térmica; peso ligero, bajo costo; puede aplicársele una capa galvanoplástica.

Se produce por la polimerización del propileno en presencia de catalizadores (Ziegler–Natta).

Se caracteriza por tener una densidad muy baja (0,9 g.cm). Presenta más dureza que el polietileno, así como una alta resistencia a la tracción y al impacto. Resiste bien la acción de los disolventes y agentes químicos, pero su mayor defecto es la susceptibilidad para degradarse por oxidación a altas temperaturas.

La combinación de la gran variedad de buenas propiedades que presenta el polipropileno, hace que posea una amplia gama de aplicaciones: aislante eléctrico, diversas piezas para automóviles, material sanitario esterilizable, utensilios de cocina, películas, cuerdas, redes, fibras para tejidos.

Poliestireno:

Bajo costo, fácil de procesar, material rígido, claro, quebradizo como el cristal; baja absorción de humedad, baja resistencia al calor, mala estabilidad en exteriores; con frecuencia se modifica para mejorar la resistencia al calor o al impacto.

Polisulfona:

La más alta temperatura para la deflexión por calor entre los termoplásticos que se procesan por fusión; requiere alta temperatura de proceso; tenaz (pero sensible al ranurado), fuerte y rígido; propiedades eléctricas y estabilidad dimensional excelentes, a una alta temperatura puede aplicársele una capa galvanoplástica; alto costo.

Poliuretano:

Material tenaz, de extrema resistencia a la abrasión y al impacto; propiedades eléctricas y resistencia química buenas; puede obtenerse en películas, modelos sólidos o espumas flexibles; la exposición a la radiación ultravioleta produce fragilidad, propiedades de menor calidad y color amarillo; también hay poliuretanos termofraguantes.

Dependiendo de la estructura final del polímero que se obtenga, pueden ser termoestables o termoplásticos.

Se emplean para la obtención de determinados productos como correas, cubiertas y membranas; en la industria del calzado; para recubrimientos; como adhesivos.

Sin embargo, el uso más extendido de los poliuretanos se hace en forma de espumas rígidas y flexibles. Las flexibles se emplean para fabricar colchones, cojines, asientos de automóviles, etc. Las espumas rígidas de poliuretano se emplean para fabricar flotadores, embarcaciones, sillas, mesas, etc. Pero su extendido uso se debe a su gran capacidad de aislamiento térmico unido a su bajísima densidad aparente. Así pues, como aislante térmico se emplea en cámaras frigoríficas; en la construcción, para aislar paredes, suelos y techos de edificios; así como otras aplicaciones.

Cloruro de polivinilo:

Muchos tipos disponibles; los rígidos son duros, tenaces y tienen excelentes propiedades eléctricas, estabilidad en exteriores y resistencia a la humedad y a los productos químicos; los flexibles son fáciles de procesar, pero tienen propiedades de menor calidad; la resistencia al calor va de baja a moderada para la mayoría de los tipos de PVC; bajo costo.

El policloruro de vinilo, más conocido como PVC, es el polímero plástico que más éxito tiene desde el punto de vista comercial.

El cloruro de polivinilo se obtiene a partir de acetileno y ácido clorhídrico, en presencia de catalizadores. Es posible obtenerlo de forma que sea un

Poliuretano:
Material tenaz, de extrema resistencia a la abrasión y al impacto; propiedades eléctricas y resistencia química buenas; puede obtenerse en películas, modelos sólidos o espumas flexibles; la exposición a la radiación ultravioleta produce fragilidad, propiedades de menor calidad y color amarillo; también hay poliuretanos termofraguantes.
Dependiendo de la estructura final del polímero que se obtenga, pueden ser termoestables o termoplásticos.
Se emplean para la obtención de determinados productos como correas, cubiertas y membranas; en la industria del calzado; para recubrimientos; como adhesivos.
Sin embargo, el uso más extendido de los poliuretanos se hace en forma de espumas rígidas y flexibles. Las flexibles se emplean para fabricar colchones, cojines, asientos de automóviles, etc. Las espumas rígidas de poliuretano se emplean para fabricar flotadores, embarcaciones, sillas, mesas, etc. Pero su extendido uso se debe a su gran capacidad de aislamiento térmico unido a su bajísima densidad aparente. Así pues, como aislante térmico se emplea en cámaras frigoríficas; en la construcción, para aislar paredes, suelos y techos de edificios; así como otras aplicaciones.

material rígido o bien flexible. En el primer caso, su densidad es del orden de 1,4 g.cm, mientras que en el segundo, es de 1,2 g.cm .

Aunque sus propiedades mecánicas no son demasiado buenas, sus propiedades químicas son excepcionales, resistiendo el ataque de la mayoría de los ácidos y bases, así como de una gran variedad de otros productos químicos.

Las aplicaciones del PVC son muy diversas y, en gran parte, ello se debe a que la sustitución de otros materiales por el PVC es muy rentable.

El cloruro de polivinilo rígido se emplea para fabricar tuberías, persianas, paneles para techos y válvulas anticorrosivas. El flexible se emplea para revestimientos de cables eléctricos, fabricación de mangueras y cuero artificial, entre otras aplicaciones.

Resinas epoxídicas.

Son polímeros de condensación que generalmente se fabrican con un grado de polimerización bajo en forma de un líquido viscoso el cual, al añadirle un reactivo, completa su polimerización originando un material de excepcional dureza, tenacidad, adherencia y resistencia a la mayoría de los disolventes y agentes químicos.

Las resinas epoxi pueden utilizarse laminadas con refuerzos (tejido sintético, fibras de vidrio o metálicas, etc.), que ofrecen una muy buena relación resistencia–peso. También se emplean como adhesivos, con la gran ventaja de que pueden utilizarse para unir materiales de naturalezas muy diferentes como vidrio, metales, u otros plásticos. Presentan una gran variedad de aplicaciones dentro de la industria eléctrica y también como recubrimientos.

Datos obrtenidos de:

www.cnice.mecd.es/recursos/ secundaria/tecnologia/archivos/u08.pdf

Resinas epoxídicas.
Son polímeros de condensación que generalmente se fabrican con un grado de polimerización bajo en forma de un líquido viscoso el cual, al añadirle un reactivo, completa su polimerización originando un material de excepcional dureza, tenacidad, adherencia y resistencia a la mayoría de los disolventes y agentes químicos.
Las resinas epoxi pueden utilizarse laminadas con refuerzos (tejido sintético, fibras de vidrio o metálicas, etc.), que ofrecen una muy buena relación resistencia–peso. También se emplean como adhesivos, con la gran ventaja de que pueden utilizarse para unir materiales de naturalezas muy diferentes como vidrio, metales, u otros plásticos. Presentan una gran variedad de aplicaciones dentro de la industria eléctrica y también como recubrimientos.

Aplicación	Termoplásticos																Termoestables			
	ABS	Acetales	Acrílicos	celulósicos	Fluoroplásticos	Nylon	Oxidos de fenileno	Policarbonatos	poliésteres	Polietilenos	polimidas	Sulfuros de polifenileno	polipropileno	poliestireno	Polisulfonados	Poliuretanos	Cloruros de polivinilio	fenólicos	Poliésteres	Poliuretanos
Estructuras, engranajes, levas, pistones, rodillos, válvulas, impulsores de agua, hojas de ventiladores, rotores, agitadores de máquinas lavadoras.	X					X	X	X					X					X		
Servicio mecánico ligero y decorativo. Perillas, manillas, estuches de cámara, conexiones de tubería, cajas de batería, volantes de dirección automotriz, monturas de anteojos, mangos de herramientas.	X		X	X					X					X	X			X		
Pequeñas cubiertas protectoras y formas huecas. Cajas de linternas y teléfonos, cascos, Carcasas para herramientas de potencia, bombas, pequeños aparatos domésticos,	X		X				X	X	X	X				X	X			X	X	
Grandes cubiertas protectoras y formas huecas. Cascos de lanchas, carcasas de artefactos domésticos grandes, tanques, tinas, conductos, revestimientos de refrigeradores.	Espuma					Espuma			Espuma	Espuma				Espuma	Espuma		Espuma		Relleno con vidrio	Espuma
Partes ópticas y transparentes. Anteojos de seguridad, lentes, vidrieras de seguridad y resistente al vandalismo, vehículos para nieve, parabrisas, anuncios, estantería para refrigeradores.			X	X				X							X	X				
Piezas para uso desgastador, engranajes, bujes, cojinetes, bandas de rodamiento, revestimientos de canalones, ruedas de patines, cintas antifricción para el desgaste		X			X	X				X			X					X	X	

5. DEFORMACIÓN Y ENDURECIMIENTO DE LOS PLÁSTICOS

Como ya hemos comentado previamente los plásticos son deformados por efecto de la temperatura, y cuando son sometidos a procesos de presión y calor simultáneamente se acelera en ellos un proceso de degradación que pueden limitar la vida útil del material, por lo tanto al seccionar un material para una instalación se ha de tener en cuenta:

Figura 12.

Temperatura de trabajo de la instalación.

Presión de trabajo de las tuberías.

Generalmente, los fabricantes de tuberías plásticas reflejan estas limitaciones muy claramente, para ello hacen uso de las curvas de regresión que relacionan la tensión tangencial con la temperatura y la duración de la tubería.

Estas curvas de regresión han sido obtenidas a base de ensayos destructivos realizados en laboratorios acreditados y cuyo resultado ha sido la inclusión de los datos en las normas internacionales (UNE, DIN,...).

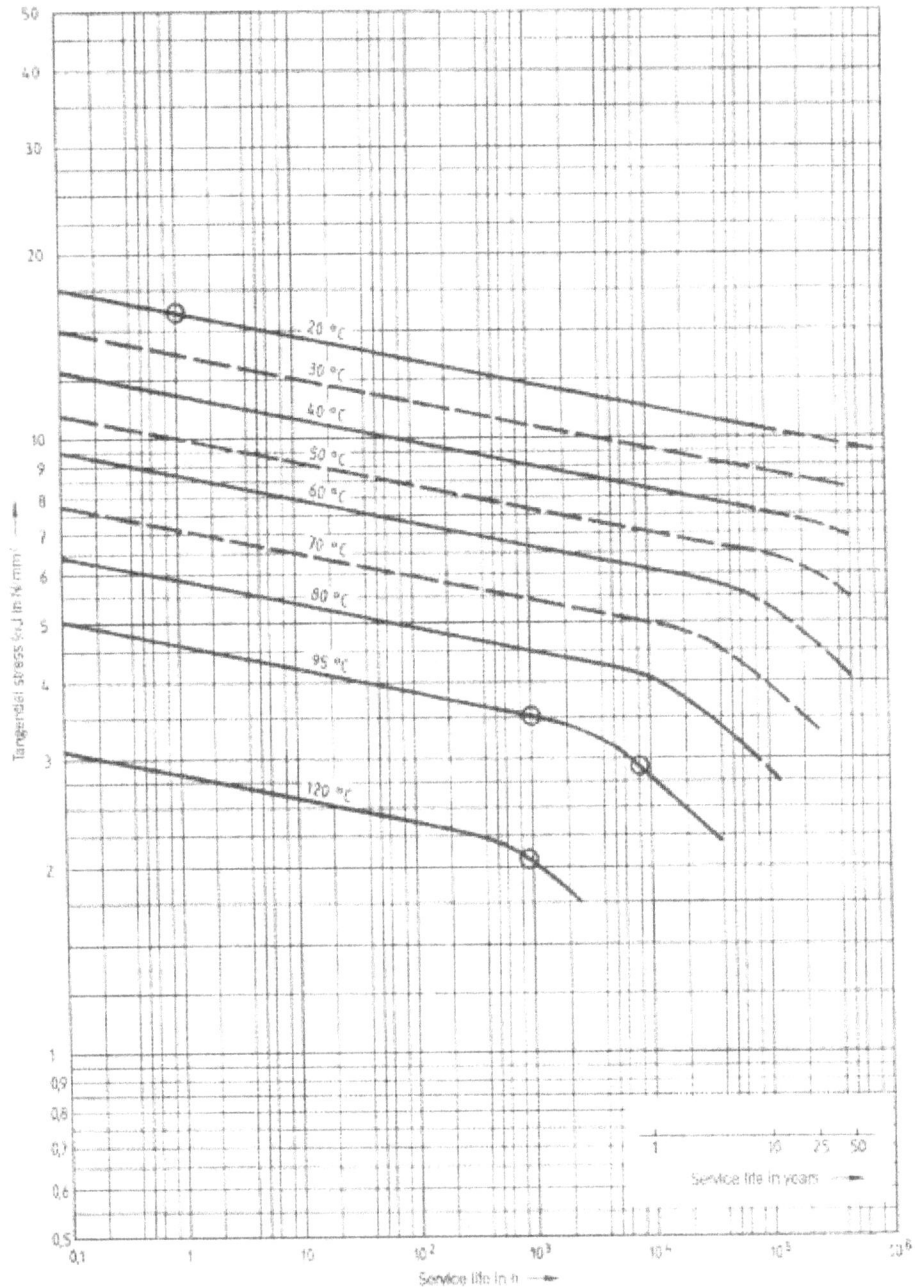

Nota: Curvas de regresión PPr tipo 3. DIN 8078

Fuente Blansol S.A. Catalogo técnico

De su uso podremos relacionar las condiciones de uso y la duración prevista de la tubería.

Temperatura		Servicio Contínuo Años	Presión Máxima Admisible	
K	(°C)		Mpa	(Kg/cm²)
293	(20)	1	2,41	24,1
		5	2,24	22,4
		10	2,17	21,7
		25	2,11	21,1
		50	2,07	20,7
303	(30)	1	2,05	20,5
		5	1,92	19,2
		10	1,88	18,8
		25	1,81	18,1
		50	1,77	17,7
313	(40)	1	1,77	17,7
		5	1,66	16,6
		10	1,62	16,2
		25	1,56	15,6
		50	1,47	14,7
323	(50)	1	1,51	15,1
		5	1,43	14,3
		10	1,39	13,9
		25	1,28	12,8
		50	1,17	11,7
333	(60)	1	1,32	13,2
		5	1,22	12,2
		10	1,15	11,5
		25	0,98	9,8
		50	0,87	8,7
343	(70)	1	1,07	10,7
		5	0,96	9,6
		10	0,85	8,5
		25	0,73	7,3
		30	0,7	7
353	(80)	1	1,09	10,9
		5	0,69	6,9
		10	0,63	6,3
		15	0,59	5,9
368	(95)	1	0,61	6,1
		5	0,46	4,6
		10	-	
Fuente: http://www.rotoplas.com/tuboplus/polipropileno.php				

además de estar limitados en cuanto a su uso por la NO

131

6. NORMAS DE SEGURIDAD EN EL MANEJO DE TODO TIPO DE PLÁSTICO Y DE SUS CATALIZADORES

Descartar los recipientes que se inflen, "burbujeen", o se haya pasado su fecha de caducidad.

Nunca arrojar residuos al drenaje, los desechos deben ser clasificados y rotulados, debidamente almacenados en bolsas de polipropileno para su disposición final de acuerdo con el plan de medio ambiente de la empresa u localidad.

Utilizar recipientes de plástico, no de vidrio, ni metal (reactivos con el peróxido, etc.).

No exponer el catalizador al calor o sol.

Usar una sola vez los vasos de cartón parafinado.

El catalizador y el acelerante no deben mezclarse porque explotan, únicamente deben mezclarse en el seno de la resina.

Siempre almacenar por separado el catalizador y acelerante.

Almacenar los materiales en el área asignada por su empresa (fresca, bajo sombra, a menos de 20° C).

Si se absorben con trapos, mojarlos inmediatamente o se prenderán más tarde. Utilizar únicamente trapos o waype blancos y limpios, que no contengan grasa, ni acelerador. Después, eliminar de acuerdo con el plan de manejo ambiental.

Si tiene un equipo de aspersión manténgalo siempre limpio, especialmente el tanque de almacenamiento de catalizador.

La manera correcta de mezclar el catalizador con acelerador a la resina es la siguiente:

Verter la resina en el recipiente.

Agregar cantidad correcta de acelerador.

Mezclar perfectamente dicha mezcla.

Agregar la cantidad correcta de catalizador.

Mezclar otra vez correctamente hasta la homogenización de la resina.

RESUMEN

Como hemos visto la cantidad de plásticos diferentes, y dentro de cada plástico la forma de procesarlo, hace que resulten inmensas las posibilidades de utilización y de enumeración de materiales.

Cuando se tiene que trabajar con un material específico lo más sensato parece recurrir a los manuales de los fabricantes de estos materiales que suelen ser muy claros y de gran utilidad.

Figura 13. Garrafa transparente de PVC.

Figura 14. Accesorios conexión descalcificador.

Figura 15. Juntas de estanqueidad mangueras gases frigoríficos.

Figura 16. Maquina de soldadura de polietileno.

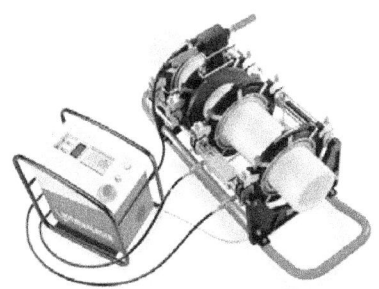

Cada vez más estos materiales están sustituyendo a los materiales metálicos, especialmente en instalaciones sanitarias de consumo humano y en las que la temperatura de trabajo no es elevada.

Actualmente se están utilizando en gran cantidad instalaciones con polipropileno, polibutileno, polietileno reticulado, PVC, tubos multicapa, etc.; conviene al instalador conocer sus características y su empleo ya que pueden llegar a ser productos muy competitivos.

ANEXO 2. RESISTENCIA DEL PPR A LOS DIFERENTES AGENTES QUÍMICOS

Notas del fabricante:

El Polipropileno Copolímero Random (tipo 3) posee una elevada resistencia a los fluidos agresivos y por lo tanto es particularmente indicado para ser utilizado en variados casos específicos.

Se deberán aplicar las normas de precaución respecto del uso de productos agresivos.

La compatibilidad indicada en la tabla es válida sólo para el material base (PP Copolímero Random, tipo 3) y no para las partes metálicas.

Las especificaciones de funcionamiento se consideran según el tipo de fluido.

El uso con productos compuestos o mezclas requiere la conformidad del fabricante, previa consulta con el Departamento Técnico.

Resistencia química

La resistencia del PP Copolímero Random (tipo 3) a los productos químicos líquidos ha sido determinada de acuerdo con la norma DIN ISO 175, y los valores asignados se rigen por los siguientes parámetros.

+ = resistente

Hinchamiento <3% o ausencia de cambios sustanciales en la elongación a la rotura; no hay cambios en la apariencia.

O = de resistencia limitada

Hinchamiento 3–8% y disminución en <50% en la elongación a la rotura y/o ligeros cambios en la apariencia.

– = sin resistencia

Hinchamiento >8% y/o disminución en >50% en la elongación a la rotura y/o cambios importantes en la apariencia.

Las determinaciones de resistencia se refieren a cambios sin la acción adicional de fuerzas mecánicas y se aplican a material libre de tensiones.

Esta tabla ha sido suministrada por VESTOLEN GmbH Alemania.

Concentraciones:

s.a. = solución acuosa

sat. = saturado a temperatura ambiente

Hüls = Productos de Hüls

VEBA = Productos de VEBA OEL AG

GhC = Productos de GAF–Hüls CHEMIE GMBH

RESISTENCIA DEL PPR A LOS DIFERENTES AGENTES QUÍMICOS						
http://www.rotoplas.com/tuboplus/residencia.php#						
FUENTE: INVESTIGACIONES DE VESTOLEN GmBH Alemania.						
Reactivo o Producto			**Conc %**	**20°C**	**60°C**	**100°C**
A						
Aceite comestible			100			
Aceite de parafina			100	+	O	–
Aceite de siliconas			100	+	+	
Aceite mineral			100	+	O	–
Aceite para motores			100	+	O	–
Aceite para motores de dos tiempos			100	O	O	
Aceite para transformadores			100	+	O	
Aceites etéreos				+		
Aceites vegetales			100	+	+	
Acetato de butilo	Hüls		100	+	O	
Acetato de etilgicol			100	+		
Acetato de etilo	Hüls		100	O	O	
Acetato de metilo			100	+	+	
Acetato de metoxilbutilo			100	+	O	
Acetona			100	+	O	
Acido acético			50	+	+	
Acido acético			10	+	+	+
Acido acético	Hüls		100	+	O	–
Acido benzoico		s.a.	sat	+	+	+
Acido bórico		s.a.	sat	+	+	
Acido clorhídrico			10	+	+	+
Acido clorhídrico	Hüls		38	+	+	
Acido clorosulfónico			100	–	–	–
Acido crómico			20	+	O	
Acido crómico/sulfúrico			conc	–	–	
Acido etil–2–caproico			100	+		
Acido etilendiamino tetraacético			sat	+	+	
Acido fluórico			70	+	O	
Acido fluórico			40	+	+	
Acido fórmico			98	+	O	
Acido fórmico			50	+	+	
Acido fórmico			10	+	+	+
Acido fosfórico			85	+	O	
Acido fosfórico			50	+	+	
Acido glicólico			70	+	+	
Acido hexafluosilícico.		s.a.	sat.	+	+	+

135

Acido hidrofluosilícico		32	+	+	
Acido isononánico		100	+	O	
Acido láctico	s.a.	90	+	+	
Acido láctico	s.a.	10	+	+	+
Acido metansulfónico		50	+		
Acido metil sulfúrico		50	+		
Acido neodecano		100	+		
Acido nítrico		50	O	–	
Acido nítrico		25	+	+	
Acido nitroclorhídrico: 3:1 HCL:HNO3		+	–	–	
Acido oleico		100	+		
Acido oxálico	s.a.	sat.	+	+	+
Acido para acumuladores		38	+	+	
Acido perclórico		70			
Acido perclórico		50			
Acido perclórico		20			
Acido succínico	Hüls	sat	+	+	
Acido sulfúrico		96	–	–	
Acido sulfúrico		50	+	+	
Acido sulfúrico		10	+	+	+
Acido tánico		10	+	+	
Acido tartárico	s.a.	sat.	+	+	+
Acido úrico		sat.	+	+	
Acido yodhídirico	s.a.	sat.	+		
Acidos grasos >C6		100	+	O	O
Acidos húmicos	s.a.	1	+	+	
Adipato de dinonilo		100	+		
Adipato de dioctilo	Hüls	100	+		
Agente humectante		100	+	+	+
Agentes de lavado de vajilla, líquido		5	+	+	+
Agua clorada		sat	O	–	
Agua de bromo		sat	–	–	
Agua de mar			+	+	+
Agua salada		sat.	+	+	+
Alcohol amílico		100	+	+	
Alcohol butílico	Hüls	100	+	+	
Alcohol etílico		96	+	+	
Alcohol furfurílico		100	+	O	
Alcohol isopropílico		100	+	+	
Alcohol metílico	Hüls	100	+	+	
Alquitrán		100	+	O	
Alumbre		sat.	+	+	

136

Amoníaco.		s.a.	sat	+	+	
Anhídrido acético			100	+	O	
Anilina			100	+	+	
Asfalto			100	+	O	
B						
Benceno	VEBA		100	O	-	
Benzaldehido			100	+	+	+
Bifenilos Policlorados			100	O		
Borax		s.a.	sat	+	+	
Bromo			100	-		
Butano líquido	VEBA		100	+		
C						
Cera para pisos			100	+	O	
Ciclohexano	Hüls					
	VEBA		100	+	O	
Ciclohexanol	Hüls		100	+	+	
Ciclohexanona			100	+	-	
Clorato de sodio		s.a.	25	+	+	
Clorhidrina de etileno	Hüls		100	+	+	
Clorito de sodio		s.a.	5	+		
Cloro líquido			100	-		
Clorobenceno			100			
Cloroformiato de etil-2-hexilo			100	+		
Cloroformo	Hüls		100	O	-	
Cloruro de ácido isononánico			100	+		
Cloruro de ácido neodecano			100	+		
Cloruro de ácido láurico			100	+		
Cloruro de calcio				+	+	
Cloruro de estaño II		s.a.	sat.	+	+	
Cloruro de etileno	Hüls		100	O	O	
Cloruro de etilo	Hüls		100	-		
Cloruro de metileno			100	O		
Cloruro del ácido etil-2-caproico			100	+		
Combustible de prueba, alifático			100	+	O	
Cumolhidroperóxido			70	+		
D						
Decahidronaftaleno			100	O	-	-
Detergentes	Hüls	s.a.	10	+	+	+
Dimetilformamida			100	+		
Dioxano, -1,4			100	+	O	
Dióxido de azufre			baja	+	+	
Disulfuro de carbono			100	O		
Dodecilbencensulfonato de sodio			100			

E					
Ester etílico de ácido monocloroacético		100			
Ester metílico de ácido monocloroacético		100			
Etanolamina		100	+	+	+
Eter de petróleo		100	+	O	
Eter dietlílico	Hüls	100	O		
Etilbenceno	Hüls	100	O	-	
F					
Fenilcloroformo		100	O		
Fenol	s.a.	sat.	+	+	
Fluoruro	s.a.	sat	+	+	+
Formaldehido	GhC s.a.	40	+	+	
Formalin ® (Formaldehido)		comercial	+	+	
Fosfato de trioctilo		100	+	O	
Fosfatos	s.a.	sat.	+	+	+
Frigen ® 11		100	O	+	
Ftalato de dibutilo	Hüls	100	+	O	
Ftalato de dihexilo		100	+	+	
Ftalato de diisononilo	Hüls	100	+	+	
Ftalato de dioctilo	Hüls	100	+	+	
Fuel oil		100	+	O	-
G					
Gasoil		100	+	O	
Gasolina normal	100	+	O		
Gasolina super	100	O	-		
Glicerina		100	+	+	
Glicerina	s.a.	10	+	+	+
Glicol	Hüls	100	+	+	+
Glicol anticongelante	Hüls	50	+	+	
Glicol.	Hüls s.a.	50	+	+	+
H					
Heptano		100	+	O	
Hexano		100	+	O	
Hexanolamina, -2	Hüls	100	+		
Hidrazina	s.a.	sat.	+	+	
Hidroquinona	s.a.	+			
Hidroxiacetona		100	+	+	
Hipoclorito de sodio	s.a.	30	O	O	
Hipoclorito de sodio	s.a.	20	+	+	
Hipoclorito de sodio	s.a.	5	+	+	
I					
Isooctano		100	+	O	

138

J						
Jabón suave			100	+	+	
L						
Lavandina (12,5% de cloro activo)			30	O	O	
Lìquido de frenos	Hüls		100	+	+	
LITEX ®	Hüls		100	+	+	
Lysol ®			comercial	+	O	
M						
MARLIPAL®MG,	Hüls	s.a.	50	+	+	
MARLON®	Hüls	s.a.	42	+	+	
MARLOPHEN® 810	Hüls		100	+		
MARLOPHEN® 820	Hüls		100	+		
MARLOPHEN® 83	Hüls		100	+		
MARLOPHEN® 89	Hüls		100	+		
Mentol			100	+		
Mercurio			100	+	+	
Metil-4-pentanol-2			100	+	+	
Metilciclohexano			100	+	o	
Metiletil cetona			100	+	o	
Metilglicol			100	+	+	
Metilisobutil cetona			100	+	O	
Metoxilbutanol			100	+	O	
Morfolina			100			
N						
Nitrobenceno			100	+	O	
Nitrometano			100	O		
O						
Oleum			>100	-	-	
Orina			sat.	+	+	
P						
Paraldehido			100	+		
Pectina		sat.	+	+		
Percloretileno			100	O	-	
Peróxido de hidrógeno			30	+	O	
Peróxido de hidrógeno			3	+	+	+
Petróleo			100	+	O	
Piridina			100	+	O	
Pomada para calzado			100	+	O	
Potasa cáustica			50	+	+	+
Propano líquido			100	+		
Q						
Quitaesmaltes			100	+	O	

R						
Reveladores fotográficos				+	+	
S						
SAGROTAN®			comercial			
Sal de aluminio,		s.a.	sat.	+	+	+
Sal fijadora.		s.a.	10	+	+	+
Sales de amonio.		s.a.	sat.	+	+	+
Sales de bario			sat.	+	+	+
Sales de calcio		s.a.	sat	+	+	+
Sales de cromo		s.a.	sat	+	+	
Sales de hierro			sat.	+	+	+
Sales de litio		sat.	+	+	+	
Sales de magnesio,		s.a.	sat.	+	+	+
Sales de mercurio		s.a.	sat.	+	+	
Sales de níquel.		s.a.	sat.	+	+	
Sales de plata,		s.a	sat.	+	+	
Sales de sodio		s.a.	sat.	+	+	+
Sales de zinc		s.a.	sat.	+	+	+
Sebacato de dibutilo			100	+	O	
Soda cáustica	Hüls		60	+	+	+
Solución Dixan			5	+	+	+
Solución jabonosa		sat.	+	+		
Solución jabonosa			10	+	+	+
Sulfato de hidroxilamonio		sat.	+	+		
Sulfuro de hidrógeno		baja	+	+	+	
T						
Tetracloroetano			100	O	-	
Tetracloroetileno	Hüls		100	O	-	-
Tetracloruro de carbono	Hüls		100	O	-	
Tetrahidrofurano	GhC		100	O		
Tetrahidronaftaleno	Hüls		100	O	-	
Tintura de yodo DAB6				+		
Tiofeno			100	O	-	
Tolueno			100	O	-	
Tricloroetileno			100	O	-	
Triortocresilfosfato			100	+	+	
Trióxido de cromo			sat	+	-	
U						
Urea		s.a.	sat.	+	+	+
V						
Vidrio de agua			100	+	+	
X						
Xileno	VEBA		100	O	-	-

140

CUESTIONARIO DE AUTOEVALUACIÓN

1. Cómo distinguirías un plástico termoplástico de uno termoestable.

2. Elabora una tabla con los plásticos más utilizados en la construcción de tuberías e indica sus características más significativas.

3. Busca en el libro, la documentación anexa e Internet, y elabora una lista con los distintos medios de unión que se emplean en tuberías plásticas.

4. Realiza una tabla con los distintos medios de transformación de los materiales plásticos.

5. Investiga qué materiales plásticos son reutilizables e indica cuatro elementos que se realicen con plásticos reutilizados.

6. Enumera los motivos por los que los cables eléctricos están recubiertos de materiales plásticos.

U.D. 5 MATERIALES AISLANTES, ESTANCOS, PINTURAS Y BARNICES

UD 5

ÍNDICE

Introducción.

Objetivos.

1. Clasificación de los materiales aislantes.

2. Propiedades y características de los materiales aislantes.

3. Clasificación de los materiales estancos.

4. Técnicas de aplicación y colocación de materiales aislantes y estancos.

5. Clasificación de las pinturas y barnices (nitrocelulósicas, sintéticas, acrílicas, etc.).

6. Uso industrial de las pinturas y barnices en las instalaciones de líquidos y gases.

7. Técnicas de aplicación de las pinturas y barnices.

8. Normas de seguridad exigibles en el manejo y aplicación de materiales aislantes, estancos, pinturas y barnices.

Resumen.

Cuestionario de autoevaluación.

INTRODUCCIÓN

El aislamiento térmico es una necesidad del hombre desde su existencia, protegerse de las inclemencias del tiempo, del calor en verano, el frío en invierno y del fuego, cuando empezó a dominarlo, fueron una de sus preocupaciones y una necesidad de supervivencia.

En la actualidad, las razones por las que necesitamos aislar son más complejas; las consideradas más importantes son:

Necesidad o exigencia de los procesos.

En casi todos los procesos industriales aparece el calor o el frío, provocados o como efecto secundario; es muy común que deseemos que una pieza no adquiera las temperaturas de su entorno o que no pierda el calor que se le ha aportado.

Seguridad de las personas e instalaciones.

Hay infinidad de procesos que requieren el uso de temperaturas no aceptables para las personas o para los bienes que hay en su entorno; estos procesos deben ser aislados para evitar que afecten negativamente a su entorno.

Reducción de pérdidas energéticas.

Una instalación, vivienda o ente que está a temperatura diferente a la de su ambiente cede o adquiere calor del mismo, siendo el flujo siempre de mayor a menor temperatura; este flujo de calor se considera energía perdida que habrá que reponer; en la gran mayoría de los casos, un buen aislamiento minimizara este efecto y conseguirá un ahorro energético importante.

Mantenimiento del medio ambiente y reducción de la contaminación ambiental.

Hoy ya nadie discute que el desmesurado gasto energético influye negativamente sobre el medio ambiente, pero para la existencia y bienestar del hombre se hace necesario consumir energía. Uno de los objetivos de la sociedad actual es establecer un equilibrio entre las necesidades del hombre y las de su entorno.

Todo ahorro energético que se produzca será un factor estabilizador del sistema y cada consumo excesivo de energía aumentará las emisiones de CO^2 y colaborará con la destrucción del media ambiente.

OBJETIVOS

Conocer los diferentes tipos de aislantes que existen en el mercado.

Seleccionar correctamente el material aislante para cada uso.

Manejar catálogos y especificaciones técnicas de aislantes.

Entender la necesidad de la aplicación de materiales estancos en las instalaciones.

Conocer los diferentes tipos de pinturas más habituales.

Entender y aplicar el método de pintado de superficies más adecuado a la situación.

1. CLASIFICACIÓN DE LOS MATERIALES AISLANTES

Existen gran cantidad de materiales aislantes pero la experiencia y la economía de los procesos ha realizado y esta continuamente seleccionando los materiales en función de su aplicación y las temperaturas de proceso, aquí realizaremos la siguiente clasificación:

Clasificación según las temperaturas de proceso

Aislantes en Cerámica	Hasta 1.500° C
Lana de Roca o Mineral.	Hasta 750° C
Lana de vidrio.	Hasta 500° C sin encolar
	Hasta 250° C encolado.

Espuma elastomérica a base de caucho sintético.

	Desde –50° C hasta 175° C
Espumas de polietileno.	Desde 10° C hasta 90° C.
Espumas de poliuretano.	Desde –150°C Hasta 100° C
Poliestireno extruido.	Hasta 75° C
Poliestireno expandido.	Hasta 70° C

Básicamente son estos los materiales más habituales que nos encontramos en el mercado, cada fabricante los transforma para darles uso y adaptarlos a las aplicaciones más habituales.

Clasificación según la aplicación

Aislamiento de tuberías

Frigoríficas gases refrigerantes.

Agua fría climatización y procesos.

Aguas potables.

Agua caliente sanitaria.

Agua caliente, Calefacción y solar térmica.

Vapor de agua.

Aceite térmico.

Aislamiento de depósitos.

147

Aislamiento en la construcción.

   Suelos.

   Paredes.

   Techos y cubiertas.

Aislamiento en cámaras frigoríficas.

Aislamientos industriales:

   Hornos.

   Hogares de calderas.

   Máquinas.

   Edificación industrial.

Aislamientos aeroespaciales.

Aislamientos en conductos de aire acondicionado.

Aislamiento en conductos de humos.

Aislamientos en la agricultura y ganadería.

   Granjas.

   Invernaderos.

Cada aplicación y cada material son presentados en el mercado para facilitar su aplicación de forma que las formas:

Placas.

Planchas.

Mantas.

Coquillas rígidas.

Coquillas Flexibles.

Espuma aplicadas in situ.

Paneles sándwich.

Piezas prefabricadas.

2. PROPIEDADES Y CARACTERÍSTICAS DE LOS MATERIALES AISLANTES

Las propiedades más características de un material aislante térmico son la conductividad térmica y la resistencia térmica, aunque no son las únicas que el técnico debe conocer, resultando, según el caso, determinantes para la aceptación o no del material.

Higroscopia.

Densidad.

Comportamiento ante el fuego.

Valores de los humos.

Propagación de la llama.

Resistencia a la compresión.

Temperatura de servicio.

Factor de resistencia a la difusión del vapor de agua.

Resistencia a la intemperie.

Conductividad Térmica

Es la capacidad de un material para transmitir el frío o el calor.

El coeficiente de conductividad térmica (L) caracteriza la cantidad de calor necesario por m^2, para que atravesando durante 1 hora, 1m de material homogéneo obtenga una diferencia de 1° C de temperatura entre las dos caras.

La conductividad térmica se puede expresar tanto en unidades de W/m*K como en Kcal/m*h*°C.

1 W / m * K = 0.86 Kcal / m * h * °C

1.163 W / m * K = 1 Kcal / m * h * °C

Es una propiedad intrínseca de cada material que varía en función de la temperatura a la que se efectúa la medida.

Cuanto más pequeño es el valor, mejores son las prestaciones aislantes del material.

Resistencia Térmica

La resistencia térmica es la capacidad de un material para resistir el paso de flujos de temperatura.

Se define como el cociente entre el espesor y la conductividad térmica de producto:

R = e / L

Las unidades que pueden emplearse para la resistencia térmica son los m²* K/W ó el m²*h*°C/Kcal

0.86 m² * K / W = 1 m² * h * °C / Kcal

1 m² * K / W = 1.163 m² * h * °C / Kcal

Es una propiedad característica de cada producto y es función de la temperatura a la que se efectúa la medición.

Los valores altos de resistencia térmica indican gran capacidad de aislamiento.

Higroscopia

Capacidad que presentan los materiales para absorber la humedad; en la mayoría de los casos representa un problema a evitar, por la reducción de la capacidad de aislamiento y especialmente por la aparición de humedades de condensación por pared fría.

Densidad

Es la masa de material que existe por unidad de volumen; es una propiedad muy utililizada para definir los aislantes de lana de roca, fibra de vidrio, poliestireno expandido, poliestireno extruido, espuma de poliuretano, etc.

Comportamiento ante el fuego

Es un indicativo de la reacción que un material tendrá en caso de incendio; de su clasificación, del local donde se use y la forma de instalación, su aplicación será aceptada o no; pueden ser:

Materiales incombustibles y no inflamables.

Materiales combustibles.

Materiales no inflamables.

Materiales difícilmente inflamables.

Materiales medianamente inflamables.

Materiales fácilmente o muy fácilmente inflamables.

Valores de los humos

Toda combustión lleva implícita una emisión de humos; éstos pueden ser tóxicos, poseer un coeficiente de opacidad alto, etc. Dependiendo del tipo de local, estarán limitados estos valores y es conveniente conocer las necesidades normativas.

Propagación de la llama

Un material puede ser inflamable o no; si es inflamable puede arder él mismo o transmitir el incendio a su entorno; es conveniente conocer cuál será su comportamiento a la hora de realizar la selección de material y así poder cumplir las exigencias normativas en cada caso.

Resistencia a la compresión

Es una propiedad de cada material y se usa para determinar la estabilidad dimensional que tendrá el mismo, en algunos casos puede resultar un factor determinarte para su uso y en otros no tendrá ningún valor su conocimiento.

Temperatura de servicio

Es siempre un factor determinante a la hora de la elección del material; una elección inadecuada provocará la destrucción del aislamiento o en el mejor de los casos, simplemente será inservible.

Factor de resistencia a la difusión del vapor de agua

Especialmente en los aislamientos que pretenden preservar una superficie fría este valor debe ser tenido en cuenta; si el aislamiento permite que la humedad del aire se ponga en contacto con la superficie fría, ésta se irá condensando y mojando todo el aislamiento, creando problemas de pérdidas de capacidad de aislamiento, aparición de superficies mojadas y agua, e incluso problemas higiénicos y de mohos.

En zonas donde las instalaciones vayan a ser sometidas a lavados, los aislamientos deberán estar aislados del agua y líquidos.

Resistencia a la intemperie

Es la resistencia a los efectos externos, rayos ultravioletas, heladas, sol, etc.

Conviene conocer este valor y aplicar las medidas correctoras necesarias para garantizar la vida del aislamiento, recubrimientos metálicos, pinturas, plásticos, etc.

3. CLASIFICACIÓN DE LOS MATERIALES ESTANCOS

Un material, recipiente o conducto estanco es aquel que no permite la fuga o difusión de su contenido al exterior ni la entrada de los elementos del exterior a su interior. En general, los recipientes y conducciones son estancos y aptos para su uso, pero es en las juntas donde se tienen que buscar soluciones de estanqueidad y donde suelen ocurrir los problemas.

Un elemento asegura una función de estanqueidad cuando impide el paso de un fluido desde un recinto vecino. Estos elementos se llaman "Juntas de estanqueidad".

Si se trata de impedir el paso de un fluido de un recinto a otro, la estanqueidad es simple. Si la junta de estanqueidad debe impedir el paso de otro fluido, eventualmente contenido en el segundo recinto, al primero, la estanqueidad es doble (asegurada así en los dos sentidos).

Si las dos partes mecánicas entre las que se puede producir la fuga son fijas entre sí, la estanqueidad es estática. Si están en movimiento, una con respecto a la otra, la estanqueidad es dinámica.

Se pueden enumerar los siguientes materiales estancos en función de su aplicación.

Juntas de tuberías roscadas.

Cinta de teflón.

Pasta de teflón líquido.

Hilo de teflón.

Esparto.

Juntas de tuberías planas.

Juntas de plástico.

Juntas de cartón.

Juntas de cartón oilit.

Juntas en conductos de aire.

Uniones engatilladas.

Cinta de yeso.

Cinta de papel plata.

Soluciones de perfiles metálicos.

Soluciones constructivas de conductos grapeados.

Estanqueidad de materiales eléctricos.

    Cajas de distribución estancas.

    Luminarias estancas.

    Elementos de mando estancos.

    Conductos de cableado estancos.

    Cuadros estancos.

    Motores estancos.

Juntas de características especiales.

    Juntas Spirometálicas.

    Juntas Metaloplásticas.

    Juntas de Teflón sellante.

    Juntas metálicas.

    Juntas tóricas.

    Planchas y juntas cortadas.

4. TÉCNICAS DE APLICACIÓN Y COLOCACIÓN DE MATERIALES AISLANTES Y ESTANCOS

Aislantes en Cerámica (hasta 1.500° C)

Aplicándose como recubrimiento para todo tipo de hornos, cámaras, calderas, puertas industriales, paredes, techos, conductos, chimeneas, barrera contra incendio y como recubrimiento secundario sobre el refractario para mejorar su eficiencia térmica

Se suele suministrar en placas y se coloca con adhesivos o con fijación mecánica.

Lana de Roca o Mineral (hasta 750° C)

La lana de roca volcánica es una lana mineral a base de roca basáltica.

Se comercializa en forma de paneles desnudos o revestidos, fieltros, mantas armadas, borra o coquillas.

El proceso de producción de la lana de roca volcánica reproduce la acción natural de un volcán.

Es un proceso continuo, donde la piedra se funde a temperaturas superiores a los 1600° C. La roca líquida se convierte en fibras mediante un proceso de centrifugado y tras la impregnación con aditivos aglomerantes y aceites impermeables, se forma una masa de lana de roca que, convenientemente tratada, se transformará en diversos productos en forma de paneles, fieltros, mantas, coquillas, borras, etc.

Excelente aislamiento térmico a altas temperaturas, se aplica en tuberías de fluidos muy calientes, tubos de humos de combustión, protección de elementos constructivos para el fuego, aislamiento acústico en construcción y aislamiento térmico.

Figura 1. Coquilla de lana de roca.

154

Lana de vidrio (hasta 500° C sin encolar y 250° C encolado)

Excelente aislamiento térmico a medias temperaturas; se aplica en tuberías de fluidos calientes, aislamiento acústico, en construcción de viviendas e industriales como aislamiento térmico.

Se puede presentar en forma de coquillas, planchas, mantas, formando soluciones constructivas junto con otros materiales.

Se coloca en falsos techos, cámaras de aire, tuberías, formando panel sándwich de cerramientos industriales, cubiertas, etc.

Figura 2. Coquilla de fibra de vidrio. Figura 3. Aislamiento humos de escape.

Espuma eslastomérica a base de caucho sintético (−50° C<Tad.< 175° C)

Excelente aislamiento térmico a medias temperaturas y bajas; se aplica en tuberías de fluidos calientes y fríos, necesita protección exterior contra los rayos ultravioletas; fácil de instalar, se suministra en forma de coquillas y planchas.

Figura 4. Aislamiento tubería de espuma elastomérica.

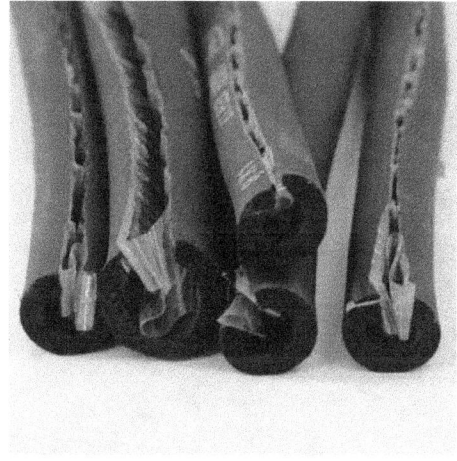

Espumas de polietileno (10° C<Tad.< 90° C)

Aplicación en aislamiento de tuberías de calefacción e hidrosanitaria. Resistente a materiales usados en construcción, tales como cal, yeso, cemento o similares.

Resistencia a la absorción de agua: buena.

Resistencia a los disolventes: buena.

Evita en gran medida los ruidos y vibraciones de las instalaciones.

Figura 5. Aislamiento tubería de espuma polietileno.

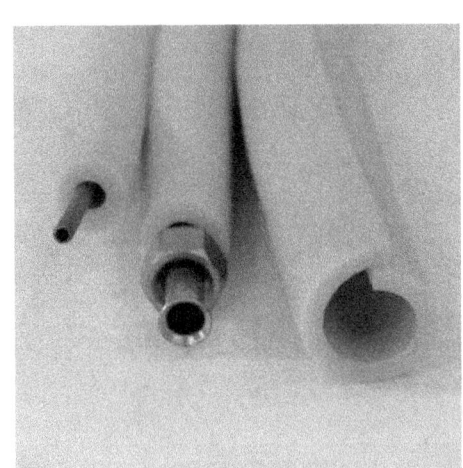

Espumas de poliuretano (desde −150° C Hasta 100° C)

Buen aislamiento, se aplica in situ realizando la proyección de espuma sobre el paramento que se desea aislar, o bien, viene configurado de fábrica; es muy empleado en la construcción de panel sándwich para cerramientos industriales y cámaras frigoríficas; aplicado in situ tiene aplicaciones de aislamientos de cámaras de aire en la edificación.

Figura 6. Panel Sándwich de espuma de poliuretano.

Poliestireno extruido (hasta 75° C)

Aislantes térmicos, elemento constructivo, y recomendados especialmente en casos de humedad extrema y donde hay congelamiento.

Es un aislante térmico de espuma rígida que contiene un aditivo retardador de fuego, que inhibe la ignición de acuerdo con la norma ASTM E 84 y es presentado en paneles que tienen una superficie lisa y una estructura de células cerradas, con paredes que se interconectan unas con otras sin dejar vacíos. Esta estructura uniforme le da al material altos valores de resistencia térmica y una resistencia superior al flujo de la humedad contra otros materiales aislantes ya que la penetración de humedad reduce significativamente la eficiencia de cualquier producto aislante.

Usos más comunes

En techos de concreto, lámina, madera, fibrocemento, muros y pisos de concreto, mampostería, estructura metálica o de madera, así como en cámaras refrigerantes y/o de conservación, casas habitación, edificios, agricultura, diseños, trabajos manuales y una gran variedad de usos.

Poliestireno expandido (hasta 70° C)

Es un polímero de estireno monómero (derivado del petróleo), transparente y de alto brillo que se procesa en forma de bloques, que son cortados en placas para su comercialización.

Es usado en forma de placas en edificación para la construcción de cámaras de aire, falsos techos, panel sándwich fabricados in situ o en fábrica, aislamiento de cámaras frigoríficas, medias cañas para aislar tuberías de frío, envases varios, etc.

Figura 7. Poliestireno expandido.

5. CLASIFICACIÓN DE LAS PINTURAS Y BARNICES (NITROCELULÓSICAS, SINTÉTICAS, ACRÍLICAS, ETC.)

La pintura es el producto que usa para proteger y decorar una superficie; se presenta de forma líquida o pastosa, para aplicarla según un procedimiento adecuado, de forma que se transforme en una película sólida, adherente y plástica.

Las pinturas, por lo general, se componen de los siguientes elementos:

Pigmentos.

Ligantes.

Disolventes.

Aditivos.

Pigmentos

Son los elementos que dan el color y opacidad a la pintura. Son generalmente sustancias sólidas en forma de polvo de muy fina granulometría que se desagregan en partículas para obtener el máximo rendimiento colorístico.

Ligantes

Llamados vehículo fijo, aglutinante o, más vulgarmente, resina. Es la base de la pintura: le confiere la propiedad de formar película una vez curada. De los ligantes se adquieren las propiedades mecánicas y químicas de la pintura, y por tanto, su capacidad protectora.

Son polímeros de peso molecular bajo o medio que por acción del oxígeno del aire, de otro componente químico, del calor, etc., aumentan su grado de polimerización hasta transformarse en sólidos más o menos plásticos e insolubles.

Disolventes

Llamados vehículo volátil, permiten la aplicación de la pintura, dándole la consistencia necesaria para poder ser aplicada; una pintura sin disolvente sería muy difícil de aplicar porque su densidad y viscosidad serían elevadas. También facilita su fabricación y el mantenimiento en el envase hasta su uso.

Es común el uso de varios tipos de disolvente en una misma pintura, cada uno o la mezcla de ellos le darán a la pintura propiedades como la facilidad de aplicación, velocidad de evaporación en la película, nivelación, etc.

Aditivos

Son productos químicos de acción que cada fabricante añade a las pinturas, en pequeñas cantidades para conseguir una mejora de sus características, evitar defectos, producir efectos especiales, acelerar el endurecimiento, conferir tixotropia, matizar, etc.

Clasificación

De las muchas formas que se pueden clasificar las pinturas optaremos por el modo de llevar a cabo el secado y endurecimiento después de su aplicación. Tendríamos así los siguientes grupos:

- Secado por evaporación de disolventes.

- Secado oxidativo por reacción con el oxígeno atmosférico.

- Secado por la acción de la temperatura.

- Secado por reacción química entre varios componentes.

Pinturas de secado por evaporación

En éstas, el ligante se mantiene igual antes y después del secado. Las pinturas están formadas por resinas que en su fabricación se han disuelto en disolventes, después de la evaporación vuelven al estado previo al de la disolución.

Presentan la propiedad de ser disueltas una vez secadas por los disolventes con las que se fabricaron; esto resulta una desventaja, por ser sensibles a los mismos, y a la vez permite que las diferentes capas que se aplican se unan a las anteriores con mucha facilidad.

Básicamente, pertenecen a este grupo los tipos a base de:

- Alquitranes y asfaltos.

- Resinas de caucho clorado y ciclado.

- Poliolefinas cloradas.

- Resinas acrílicas termoplásticas.

- Resinas nitrocelulósicas.

- Resinas vinílicas.

- Resinas naturales:Goma Laca, Corpal, etc.

Pinturas de secado oxidativo

Los ligantes incluyen ácidos grasos en su estructura. Una vez evaporados los disolventes, se absorbe oxígeno de la atmósfera produciendo el secado definitivo.

Entre las pinturas más significativas destacamos:

- Aceites vegetales (linaza, madera, ricino deshidratado).

- Resinas alquídicas modificadas con aceites secantes.

- Barnices fenólicos modificados con aceite (madera, linaza).

Pinturas de secado al horno

Son pinturas que necesitan polimerizar con calor externo; este proceso se suele realizar en hornos industriales construidos para este fin que trabajan entre 100 y 200° C; son los llamados hornos de cocción de pinturas; la pintura se aplica en polvo y tiene una estancia en estos hornos de unos 5 a 30 minutos normalmente.

Destacan en este grupo las pinturas formuladas con:

- Resinas alcídicas o poliester combinadas con amínicas.

- Resinas apoxídicas combinadas con fenólicas o amínicas.

- Resinas de silicona.

Este tipo de productos adquiere sus propiedades finales después de haberse estufado, a diferencia de las que utilizan ligantes de secado oxidativo en las que la adherencia, máxima dureza o resistencia a los agentes agresivos pueden tardar semanas y meses en llegar a su nivel máximo.

Pinturas de secado reactivo

Para producir el secado se debe añadir un catalizador o segundo componente; se realiza la mezcla antes de la aplicación y tiene un periodo de aplicación; la reacción se produce a temperatura ambiente

Las más utilizadas son las fabricadas a base de:

- Resinas epoxi con endurecedor de tipo amidas o aminas.

- Resinas de poliester o hidroxiacrílicas endurecidas con isocianatos (Poliuretánicas).

- Resinas de poliester catalizadas con peróxidos.

- Resinas de silicato, más polvo de Zinc.

- Alquitranes y resina epoxi o poliuretano.

- Resinas alquídicas catalizadas por ácido.

Después de su aplicación necesitan de un periodo de varios días hasta alcanzar sus mejores propiedades, pero cuando lo hacen, sus características se pueden asemejar a las de secado por temperatura.

Otra forma de clasificar puede basarse en la función de cada pintura a realizar sobre material a recubrir; enumeraremos:

Imprimaciones

Son pinturas pensadas para el primer contacto con el material a pintar; tienen la función de preparar el material para posteriores capas de pintura, asegurando su adherencia y, en el caso de superficies metálicas, sirven como inhibidores de la corrosión. Se aplican tanto sobre madera como sobre hormigón, mampostería, plásticos y metales.

Capas de fondo o intermedias

Son capas que pinturas que tratan de dar espesor a la capa de pintura; son aplicadas previamente a las de acabado.

Pinturas de acabado

Como indica su nombre, son aquellas que se aplican como última capa del sistema, bien sobre la imprimación o mejor aún sobre la capa intermedia. Formuladas con relación Pigmento/Ligante baja para conseguir las mejores propiedades de permeabilidad y resistencia, se pigmentan en toda la gama imaginable de colores. Normalmente brillantes, también se fabrican sin brillo, satinadas o incluso mate.

Barnices

Recubren la pieza pero permiten verla, no son opacos. Se emplean para embellecer y proteger madera, plástico y metales. Pueden ir en ocasiones pigmentadas con colorantes solubles o pigmentos transparentes.

6. USO INDUSTRIAL DE LAS PINTURAS Y BARNICES EN LAS INSTALACIONES DE LÍQUIDOS Y GASES

Ya hemos dicho que las dos funciones de la pintura son proteger las superficies y decorarlas; podríamos añadir más funciones, como diferenciar visualmente unos elementos de otros, señalización, etc.

Hemos estudiado que los metales están expuestos al fenómeno de la corrosión y una forma de protegerlos es separarlos del agente corrosivo, bien sea atmósfera o agentes químicos.

Existen pinturas especialmente fabricadas para cumplir con la protección; un factor determinante para conseguir una buena característica protectora de una pintura es el espesor de capa aplicado. Cuanto mayor sea, la humedad, el oxígeno y los agentes químicos encontrarán más dificultades para su penetración, con lo que disminuirá el peligro de oxidación.

En las instalaciones se deben señalizar las conducciones por seguridad y por motivos de rentabilidad.

Rojo:	Contra–incendio
Verde:	Agua
Gris:	Vapor de agua
Aluminio:	Petróleo y derivados
Marrón:	Aceites vegetales y animales
Amarillo ocre:	Gases, tanto en estado gaseoso como licuados
Violeta:	Ácidos y álcalis
Azul claro:	Aire
Blanco:	Sustancias alimenticias

Depósitos

Los depósitos o silos de almacenaje, tanto si son metálicos como de hormigón, precisan de unos sistemas de pintado que aporten soluciones técnicas a diferentes prestaciones:

- Estabilidad de brillo y color frente a los agentes atmosféricos y a los rayos UV, para conservar anagramas y señalizaciones.

- Protección anticorrosiva de larga duración para evitar costosos trabajos de mantenimiento.

- Impermeabilización de cubetos de vertido accidental.

- Protección interna acorde con la agresividad del producto a depositar, y/o aprobada para estar en contacto con productos alimenticios.

Maquinaria

La maquinaria pesada, propia del trabajo de minería, obras públicas y puertos, así como la maquinaria destinada a la agricultura, está sujeta a la doble acción de los agentes atmosféricos, combinada con la humedad ácida del barro y el roce y la abrasión continuados.

Precisa, pues, de sistemas flexibles que tengan una gran capacidad para absorber impactos y agresiones mecánicas y que, al mismo tiempo, tengan una gran resistencia.

Tuberías y conducciones

Existen tres tipos de instalaciones de conducción de fluidos a través de tuberías:

- Tuberías aéreas: que pueden estar adosadas en zona cubierta o estar instaladas totalmente al descubierto. Su protección anticorrosiva dependerá en cada caso del ambiente más o menos agresivo de su entorno industrial.

- Tuberías enterradas: que deben estar aisladas con un sistema de alta resistencia, totalmente exento de porosidad, puesto que se hallan sujetas a una doble acción corrosiva, la propia de la humedad ácida del subsuelo y la acción de corrientes eléctricas.

- Tuberías calorifugadas: que precisan de un buen revestimiento impermeable y flexible para proteger la coquilla aislante.

Cuando el calorifugado se reviste con aluminio, se precisan pinturas de gran adherencia, para señalizar con franjas de colores indicativas del contenido.

7. TÉCNICAS DE APLICACIÓN DE PINTURAS Y BARNICES

La aplicación de la pintura se debe realizar adecuadamente y de acuerdo con las recomendaciones de cada fabricante en su caso. De nada sirve gastar mucho dinero en una buena protección si se aplica sobre una base defectuosa.

Deberemos tener en cuenta varias consideraciones antes de proceder al pintado de una superficie, como son:

Mezcla

La pintura debe mezclarse hasta su homogeneización antes de ser utilizada. Algunas veces se forman posos y películas en los recipientes, que deben de ser eliminados filtrando la pintura hasta que quitemos completamente las partes sólidas o semisólidas. Este proceso de homogeneización se realizará con la espátula, con una varilla o con medios mecánicos.

Cuando se trate de pinturas de dos componentes, se deberán mezclar poco antes de su utilización y siempre en las proporciones que nos indique el fabricante, sabiendo que el tiempo de utilización de las mismas está limitado y que antes de su utilización hemos de dejar reposar unos 15 minutos.

Dilución

Generalmente las pinturas cuya utilización se realizará a brocha o rodillo suelen suministrarse a la viscosidad de aplicación. Es posible que, debido al tiempo entre el envasado y su utilización, precisen de algo de disolvente, habrá que tener cuidado de no añadir más allá del necesario.

Tendremos en cuenta que cuando la aplicación se realiza a pistola la dilución será mayor y tendremos que aplicar más disolvente.

Viscosidad

Una viscosidad excesiva provocará capas muy gruesas, irregulares, se observarán las señales de la brocha. Una viscosidad demasiado baja provocará que la pintura se descuelgue y que las capas sean demasiado finas; por estos motivos, la viscosidad es muy importante; cada aplicación y cada pintura requieren de una viscosidad adecuada.

Deberemos tener en cuenta que la viscosidad varia con la temperatura y una pintura fría será más viscosa que una caliente, con lo que en invierno deberemos procurar atemperar la pintura y en verano, que no esté expuesta al sol antes de su aplicación.

Condiciones ambientales

La gran mayoría de pinturas no aceptan temperaturas de aplicación menores de 5° C o mayores de 35° C; en algunos casos, incluso, los límites son más ajustados, como ocurre con las de tipo epoxi que no se pueden usar por debajo de 10° C.

Si pintamos sobre una superficie metálica con temperatura inferior a la ambiente, su temperatura no deberá ser inferior a 3° C por encima de la de rocío y la humedad ambiente debe ser inferior al 80%.

Otro problema típico es el exceso de viento, que provocará un secado demasiado rápido; si la superficie está sometida a la acción directa del sol y éste es fuerte también podemos tener problemas de aplicación.

Espesor de capa

Los sólidos que tiene una pintura por volumen son los que condicionan la relación entre el espesor de la capa húmeda y la capa seca; a medida que crece la cantidad de sólidos en volumen más cerca está el espesor de la capa húmeda y de la capa seca. Durante el pintado se realizará un control de la capa depositada para asegurarse la correcta aplicación, según el espesor recomendado.

Intervalo entre capas

Los fabricantes indican el tiempo mínimo de secado y el tiempo entre dos capas sucesivas, si no se respeta pueden aparecer defectos como sangrados, arrugas u otros defectos.

Sistemas de aplicación de pinturas

Aplicación mediante brocha

Es un método bastante rudimentario pero resulta más caro y lento de aplicar en muchas ocasiones, como sitios de difícil acceso, con peligro de manchado de las superficies adyacentes, en conservación o reparaciones de superficies ya pintadas.

Resulta aconsejable cuando se aplica una imprimación, ya que permite desplazar la humedad y el aire de los poros.

Diremos que es un método que sólo se usa si es necesario por alguna razón de las descritas o cualquier motivo que lo indique.

Las cerdas de la brocha deben ser cónicas y hendidas en los extremos, flexibles, para retener y extender bien la pintura.

Con la brocha se obtienen, por lo general, superficies menos tersas que a pistola, ya que normalmente se advierte el paso de aquella. Deben emplearse disolventes de evaporación lenta para facilitar la extensibilidad y conseguir la mejor nivelación posible.

Aplicación a rodillo

Es una forma de aplicación que nace como alternativa a la brocha, es más rápida y su aplicación requiere menos esfuerzo. Con este sistema se pueden aplicar pinturas con menos espesor de capa, su acabado final es peor, con picados y dibujos, aunque en muchos casos de mantenimiento industrial este aspecto no tiene excesiva importancia.

El dibujo que se consigue depende del tipo de material del rodillo, la longitud del pelo y la propia forma del rodillo.

Las viscosidades de aplicación aconsejadas son como las de brocha o incluso algo más altas.

Se podría decir que la protección de las superficies es menos efectiva ya que aparecen poros en la aplicación con este sistema.

Aplicación con pistola aerográfica

Este sistema ha permitido aumentar la velocidad de pintado obteniendo un acabado superficial de gran calidad. El aire y la pintura atomizada forman una niebla que forman una capa muy regular que se deposita sobre la superficie a pintar.

Es necesario contar con un equipo de pintura, que se compone de una pistola y de un compresor de aire que proporcione el caudal suficiente, un recipiente a presión (Calderín) donde almacenar la pintura, mangueras de conexión y filtros de aire que eliminen el polvo, el aceite y la humedad.

En caso de trabajos de poca envergadura la pintura puede estar en un pequeño depósito incorporado en la pistola; en este caso la pintura no está sometida a presión.

Es muy importante la regulación de las proporciones entre aire impulsado y pintura para conseguir una perfecta atomización. Existen boquillas de diámetros variables que se aplicarán según el tipo de producto y reguladores del chorro en forma de abanico que serán aplicados en función de la forma de la pieza u objetor a pintar.

Resulta una desventaja de este sistema el hecho de que parte de la niebla no llegue a la pieza y sea desperdiciada una cantidad de pintura.

Aplicación a pistola sin aire o air–less

Es una técnica de pulverización, por atomización sin aporte de aire a la pintura líquida, que es impulsada en pequeñísimas gotas.

Se somete la pintura a grandes presiones para impulsarla a través de boquillas pulverizadoras de pequeño diámetro; al salir al exterior, los disolventes se expansionan y evaporan, provocando la atomización de la pintura.

La presión es obtenida por medio de una bomba neumática capaz de suministrar presiones entre 75 y 200 Kg/cm^2.

Una ventaja de este sistema es que no se forma la típica niebla de la aplicación con pistola arerográfica al no existir aire mezclado con la pintura. De esta manera toda la pintura se dirige hacia la superficie a pintar, reduciendo las pérdidas de pintura.

También se consiguen espesores de capa mayores y se aumenta el rendimiento y la velocidad de pintado considerablemente.

Las boquillas poseen diferentes diámetros y ángulos de pulverización adecuados para los espesores de película seca a conseguir y el tamaño de la superficie a recubrir.

8. NORMAS DE SEGURIDAD EXIGIBLES EN EL MANEJO Y APLICACIÓN DE MATERIALES AISLANTES, ESTANCOS, PINTURAS Y BARNICES

Las pinturas son compuestos que tienen sustancias que pueden ser nocivas para la salud, bien por ingestión, por inhalación o por contacto con la piel y ojos; además, en muchos casos son inflamables, por lo que su manipulación y almacenamiento tienen riesgo de incendio o explosión, que hay que tener en cuenta.

Almacenamiento

Además de cumplir con la normativa vigente en los locales de almacenamiento podremos decir que, en general, las precauciones a seguir serán:

El lugar de almacenamiento deberá estar bien ventilado, los envases estarán bien cerrados, no estarán expuestos a la luz solar directa ni a ninguna fuente de calor o llama, la temperatura de almacenamiento no superara los 30° C.

Estará equipado el local con instalación antiincendios, detectores de humos, alarmas, instalación eléctrica antideflagrante, etc.

Manipulación

Es fundamental conocer el producto que se trabaja; se deberán leer atentamente las etiquetas de los envases y las Fichas Técnicas y de Seguridad del producto.

En general, se tomarán las siguientes precauciones y técnicas operatorias:

Abrir los envases con herramienta adecuada, que no pueda provocar chispas.

Evitar el contacto directo con la piel y los ojos, utilizando guantes de goma y gafas de seguridad, evitando derrames y salpicaduras.

Disponer de ventilación suficiente, con arrastre a nivel del suelo.

Conectar los recipientes de las pinturas a tierra para evitar los efectos de electricidad estática en los trasvases o mezclas de dos componentes o en la dilución.

Sustituir los agitadores eléctricos por los neumáticos.

No realizar operaciones cercanas que puedan producir calor, fuego o chispas.

En caso de derramamiento de la pintura o disolventes, recoger inmediatamente, empapando la zona con arena o tierra y depositando los productos en recipientes adecuados.

Dejar todos los envases bien cerrados después de su utilización.

Aplicación

Se deberá usar ropa de trabajo que proteja la mayor parte del cuerpo, guantes para las manos, gafas de seguridad, cremas protectoras para la cara, mascarilla con filtros adecuados, calzado antiestático, etc.

No ingerir, evitar la inhalación y el contacto con piel y mucosas.

No comer, beber ni fumar durante la aplicación. No realizar operaciones cercanas que puedan producir calor, fuego o chispas.

Asegurarse del buen estado de las tomas de tierra de los equipos de aplicación cuando sea preciso, especialmente en los de tipo air–less o electrostático.

Dotar a los recintos de pintado con una buena ventilación, haciendo que la extracción se produzca a nivel del suelo.

Las instalaciones de extracción de vapores de disolvente y renovación de aire deben garantizar siempre que su concentración esté por debajo del límite de explosión inferior.

La ropa y calzado deben ser antiestáticos.

Primeros auxilios

Según la situación deberemos actuar de la siguiente manera:

Inconsciencia

No administrar absolutamente nada por la boca.

Ingestión

No inducir al vómito. Lavar la boca con agua fresca y dar a beber un baso de agua.

Inhalación

Situar al individuo en zona aireada. Aflojar la ropa y mantenerlo semierguido.

Contacto con piel

Lavar con agua y jabón. Quitar la ropa contaminada.

Contacto con ojos

Lavar inmediatamente con agua durante 10 minutos.

RESUMEN

En esta unidad hemos estudiado los diferentes tipos de materiales aislantes, estancos y pinturas, cada uno de ellos pertenecen a campos profesionales distintos y posibles especializaciones; pero a la vez, los instaladores se encuentran constantemente con estos productos.

Nos ayudan a ahorrar energía, proteger a las personas y las cosas de temperaturas inadecuadas y peligrosas, protegen las instalaciones y las cosas de la corrosión y permiten decorar y señalizar nuestros trabajos e instalaciones.

Este conjunto de materiales debe ser conocido por cualquier técnico que se precie y de su buen uso sacará una mayor rentabilidad a su profesión

CUESTIONARIO DE AUTOEVALUACIÓN

1. Elabora una tabla con los materiales aislantes empleados en la construcción de cámaras frigoríficas, indicando el coeficiente de conductividad térmica de cada elemento y las ventajas e inconvenientes de su uso frente al resto.

2. Elabora una tabla con los materiales aislantes empleados en la construcción de conductos de aire, indicando el coeficiente de conductividad térmica de cada elemento y las ventajas e inconvenientes de su uso frente al resto.

3. Elabora una tabla con los materiales aislantes empleados en el aislamiento de tuberías frías y calientes, indicando el coeficiente de conductividad térmica de cada elemento y las ventajas e inconvenientes de su uso frente al resto.

4. Enumera los motivos por los que se pintan las tuberías en las instalaciones.

5. ¿Qué son los barnices y las pinturas? Enumera las características y diferencias generales.

6. ¿Qué tipos de pinturas conoces? Enumera las diferencias fundamentales.

U.D. 6 PROCEDIMIENTO DE TRAZADO DE TUBOS, PERFILES Y CHAPAS

UD 6

ÍNDICE

Introducción.

Objetivos.

Resumen.

Cuestionario de autoevaluación.

INTRODUCCIÓN

Tanto en el taller como en las instalaciones nos encontramos con situaciones en las que hay que trazar una pieza, es decir, dibujar sobre el papel o sobre la misma pieza el corte que será necesario que realicemos para que adopte una nueva forma o se acople a otra, por ejemplo:

- Intersección de dos tubos.

- Desarrollo de la virola de una superficie cilíndrica.

- Desarrollo de una figura cónica.

- Empalme de dos tubos en un ángulo determinado.

A las operaciones anteriores se les engloba en una técnica llamada trazados de calderería.

Todos los talleres e instaladores que realizan estas tareas repetitivamente tienen construidas unas plantillas en las que el corte está dibujado y sirven como base para el trazado.

Estas técnicas son muy importantes, pero con la tecnología actual han cambiado considerablemente: el uso del ordenador y los programas de modelado sólido realizan el trazado de las intersecciones, figuras y desarrollos geométricos con gran exactitud y automáticamente; estos resultados son pasados a máquinas de corte por control numérico que reproducen los cortes como si de un dibujo se tratara, consiguiendo la pieza perfecta.

Lo mismo ocurre en el trazado de líneas de tubos en las instalaciones; cuando son de complejidad suficiente se aplican técnicas de trazado en tres dimensiones que permiten realizar las figuras de tubos en taller para montar después sobre la instalación.

Toda esta tecnología ha desplazado en gran parte el trazado manual, pero como siempre resulta imposible prever en oficina todas las posibilidades que se darán a pie de obra o en el taller, expondremos algunas técnicas de trazado en obra o taller.

OBJETIVOS

- Conocer las principales técnicas de trazado.

- Ser capaz de trasladar el contenido de un plano al material base para la realización de una pieza.

- Conocer los útiles de trazado más habituales.

- Ser capaz de realizar el trazado de una tubería sobre una instalación según plano, pendientes, cruces, derivaciones, injertos, etc.

- Realizar el trazado de un injerto en una tubería.

- Realizar el trazado de un empalme de una tubería en ángulo.

- Reconocer los elementos de una instalación sobre un plano.

1. SIMBOLOGÍA EMPLEADA EN PLANOS DE FABRICACIÓN E INSTALACIÓN

Un símbolo es un trazado convenido que representa a un elemento y que generalmente está normalizado; si un símbolo no está normalizado, no podemos asegurar que una tercera persona entienda lo que representa, no cumple con la función de definir a un elemento de forma inequívoca.

Existen muchos símbolos normalizados, pero cada vez más nos encontramos con dibujos que no lo están; esto puede ser debido a varios motivos.

- Necesidad de distinguir dos piezas que genéricamente tienen el mismo símbolo, pero que en la realidad tienen formas o características que conviene distinguir.

- Necesidad de realizar dibujos más intuitivos, que lleguen a personas sin formación técnica suficiente, que no conozcan los símbolos normalizados.

- Comodidad creciente en realizar dibujos complejos con bloque y figuras prediseñadas en diseño asistido por ordenador con programas CAD.

- Necesidad de establecer las dimensiones reales de las piezas.

Es decir, el debate está abierto entre los puristas de la normalización y las nuevas tecnologías aplicadas al mundo de las instalaciones. No existe una única forma de hacer las cosas, por ello el técnico deberá decidir hacia quién dirige su obra y, en función de las necesidades, elegir la opción de realizar dibujos normalizados, con dimensiones y figuras reales o ambas soluciones, que parece lo más correcto. En cualquier caso, siempre deberá estar dispuesto y capacitado para interpretar los planos que pueda recibir.

A lo largo de este libro y en la normativa veremos simbología para instalaciones de agua, gas, frigoríficas, soldaduras, saneamientos, calefacción, climatización etc. Los fabricantes de accesorios, bombas, válvulas, grifería y maquinaria nos ofrecerán bibliotecas en archivos dwg y dxf con los dimensiones a escala real de sus fabricados, con lo que tendremos bibliotecas de dibujos con miles de elementos.

En Internet hay, y cada vez irán apareciendo más, bibliotecas con símbolos normalizados y sin normalizar, elementos necesarios para realizar los dibujos de instalaciones; en cualquier caso el autor de un dibujo o esquema siempre tiene que realizar una leyenda en la que explique a qué hace referencia de forma inequívoca cada uno de los símbolos empleados.

Figura 1. Simbolos empleados en las normas básicas de la edificación NBE de instalaciones de fontanería.

Figura 2.

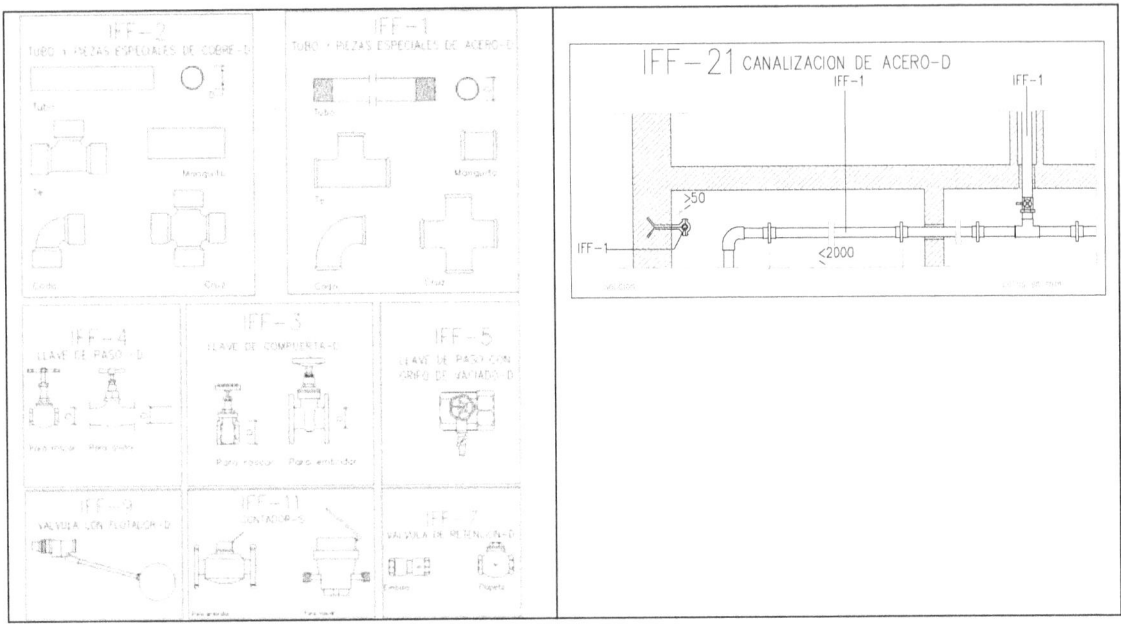

Figura 3.

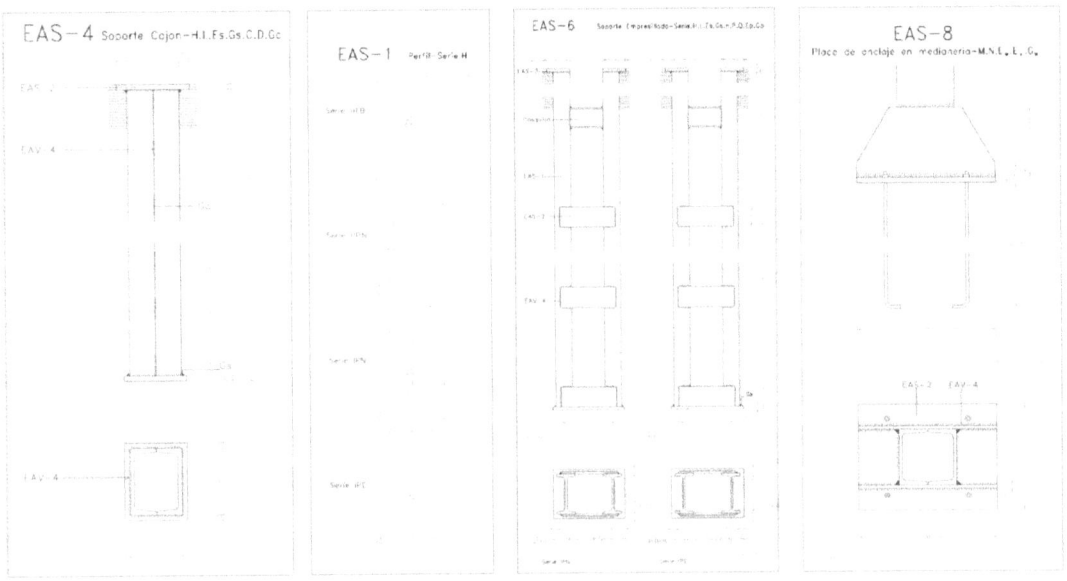

Figura 4.Torre refrigeración a escala.

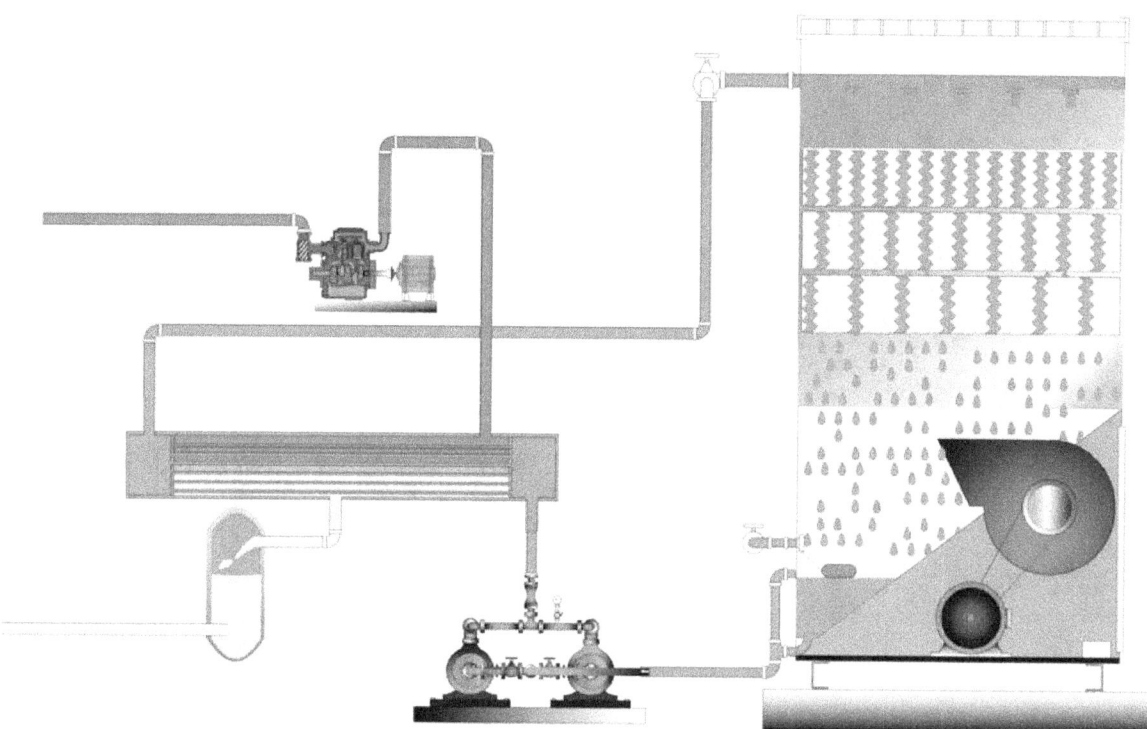

© Cesar González Valiente.

Figura 5 Cuarto de calderas escala-esquema.

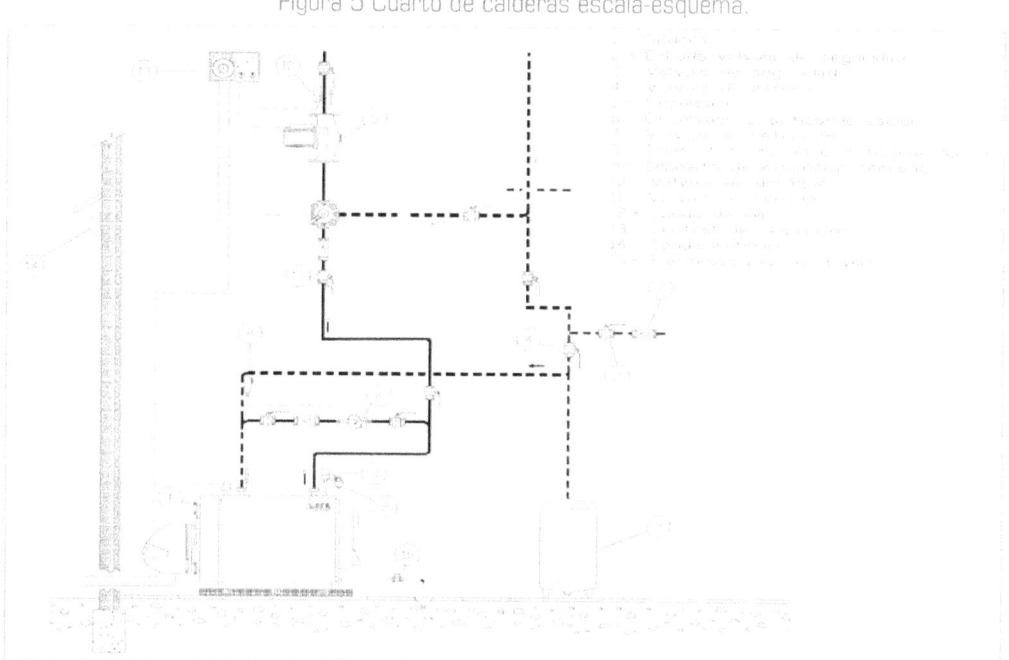

2. TÉCNICAS DE TRAZADO (GRANITAS, PUNTAS, COMPASES, ETC.)

Para trazar un dibujo sobre una chapa debemos proveernos de útiles de dibujo capaces de marcar sobre el material que estamos trabajando, acero, plásticos, otros metales, etc.

Los trazos y marcas más habituales son los puntos, las líneas rectas o curvas y los círculos.

Figura 6 Granete.

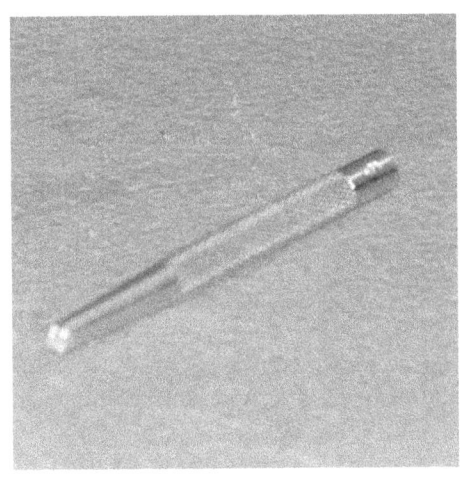

En chapa de acero se debe trazar con útiles que dejen una marca permanente, en muchas ocasiones los materiales tienen una capa de óxido o grasa, son arrastradas y manipuladas en el taller para su procesado.

Para marcar puntos, centros de círculos, taladres, etc., sobre chapas y perfiles metálicos es muy habitual usar los granetes, que tiene forma de barra de acero del diámetro de un lápiz, acabado en punta; situando la punta sobre el punto a marcar y golpeando el granete con un martillo dejaremos un punto marcado que no se borrará.

Si deseamos marcar líneas lo haremos con puntas de trazado, que son como lápices con punta metálica, muy fina y dura que permite realizar un rayado sobre la chapa. Para realizar el rayado generalmente se usa un objeto de apoyo, que puede ser una plantilla si la línea es curva o una regla si la línea es recta.

También existen útiles para marcar sobre la chapa arcos o círculos enteros; son compases de construcción especial con una punta de trazado que permite rayar sobre el metal; se coloca una punta sobre el centro graneteado y eligiendo el diámetro, se traza con la punta el círculo o el arco deseado.

180

Figura 7 Compás de trazado.

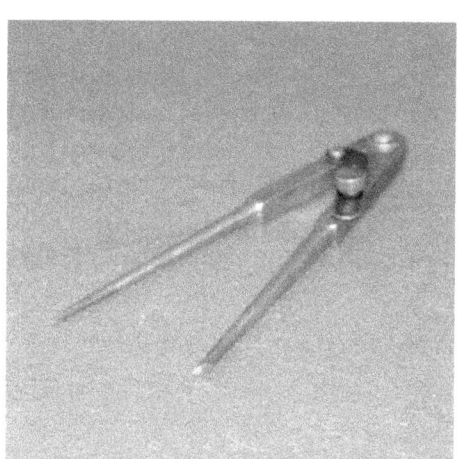

3. TÉNICAS DE NIVELACIÓN

La nivelación consiste en mantener una superficie, línea u objeto completamente horizontal; en la mayoría de los casos de construcción de maquinaria y realización de instalaciones hay que mantener algún elemento a nivel o, por el contrario, con un desnivel determinado. Aunque lo que se pretenda es mantener un elemento a desnivel es necesario tener la horizontal como referencia para poder determinar el desnivel.

Existen varios métodos de comprobación de nivel:

Nivel de burbuja

Es un método manual que consta de una regla con unas ampollas transparentes, generalmente tres, que en su interior tienen líquido y una burbuja. Las tres burbujas son para medir la horizontal, la vertical y la inclinada de 45°.

Para corroborar la horizontalidad de algo, hay que colocar el nivel encima, o hacer coincidir uno de sus bordes con lo que se verifica.

Si el nivel está completamente horizontal, la burbuja queda centrada entre dos marcas señaladas en la ampolla. Si, por el contrario, existe inclinación, la burbuja de aire se verá desplazada hacia el extremo más alto.

Figura 8. Nivel de bolsillo.

Figura 9.

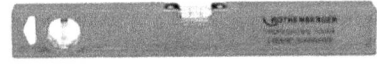

Figura 10.

Figura 11.

Figura 12. Tres modos de medidas con nivel manual de burbuja.

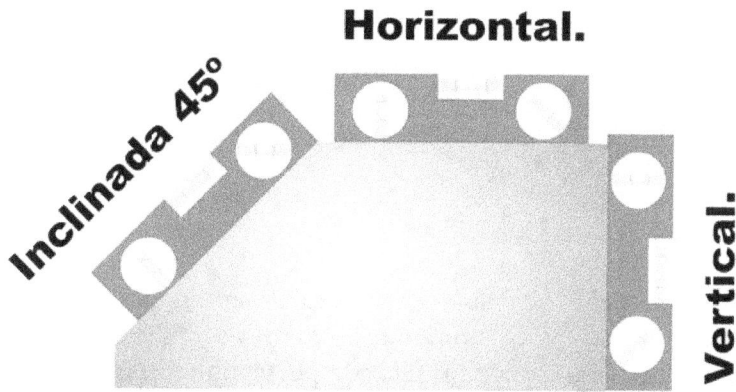

Medición de las pendientes

Una de las múltiples técnicas de medir pendientes con cierta exactitud, utilizando un nivel de burbuja es la siguiente:

- Se coloca una regla de un metro sobre la superficie a medir, y encima de la regla el nivel de burbuja.

- Se apoya el extremo de la regla sobre un punto de la línea de pendiente y el otro extremo se eleva hasta que el nivel marque la horizontal.

- Se mide la distancia en vertical, desde el extremo de la regla y la línea de pendiente.

- Cada centímetro de distancia nos dará la pendiente en %, por ejemplo, si la distancia son 5 cm., la pendiente será del 5%.en el extremo.

- Repetir el proceso en puntos diferentes para comprobar que la medición es correcta y uniforme.

Figura 13. Medida de pendientes.

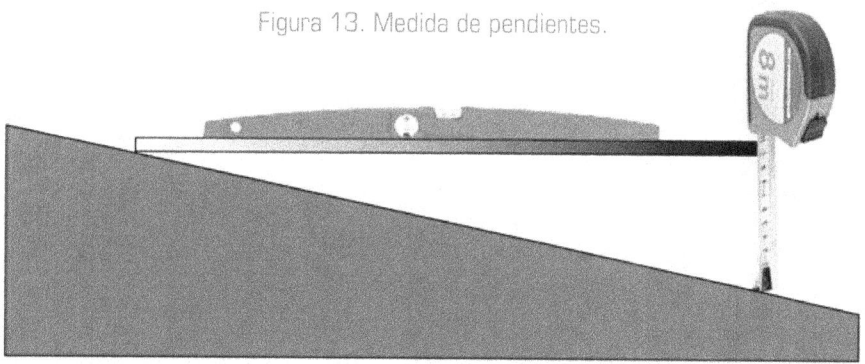

183

Trazado de niveles con manguera

Es un método manual de nivelación muy usado en distancias largas; consiste en llenar casi completamente una manguera transparente con agua; por el fenómeno de los vasos comunicantes el agua siempre estará al mismo nivel en los extremos, permitiéndonos determinar puntos distantes al mismo nivel.

Cuando no se dispone de otros medios como nivel láser es un buen método.

Nivel láser

Es una aplicación de un rayo láser, llega a gran longitud pudiendo marcar puntos muy distantes; el funcionamiento es muy sencillo: Se coloca un proyector de rayo láser sobre un trípode perfectamente nivelado, con lo que la proyección del rayo láser marcará una línea horizontal.

Se podría decir que cuando se pretenden sacar niveles en construcción o instalaciones es uno de los métodos más idóneos en la actualidad.

Figura 14. Trazado de la horizontal en distancia largas con nivel laser.

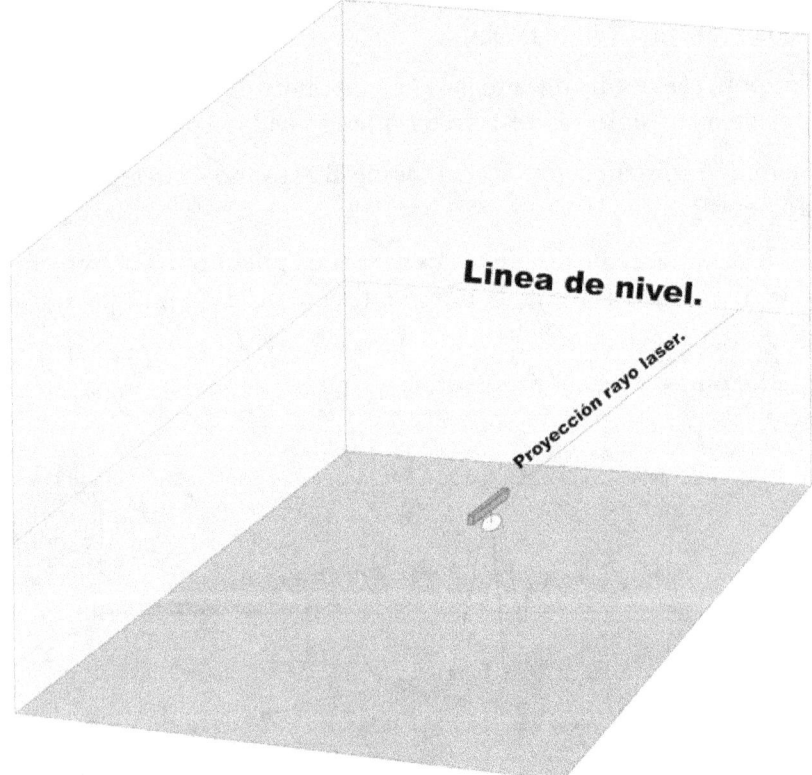

4. APLICACIONES DE TRAZADO SOBRE TUBOS, PERFILES Y CHAPAS

Como ya hemos indicado, el trazado de una pieza es una operación previa y preparatoria de un posterior mecanizado y transformación de la misma.

Las operaciones de mecanizado más habituales en el trabajo con tubos son:

Cambio de dirección.

Derivaciones o entronques.

Cambio de diámetro, reducciones o ampliaciones.

Transformación de figura geométrica, por ejemplo, círculo a cuadrado.

Etc.

En las chapas se suelen trazar dibujos compuestos de líneas rectas y curvas, puntos característicos y graneteado de centros para posterior taladrado. En muchas ocasiones las chapas son enrolladas para formar un cilindro o plegadas, resultando más eficiente realizar taladros o agujeros sobre el desarrollo de la chapa antes de haber adquirido la figura definitiva.

Figura 15.

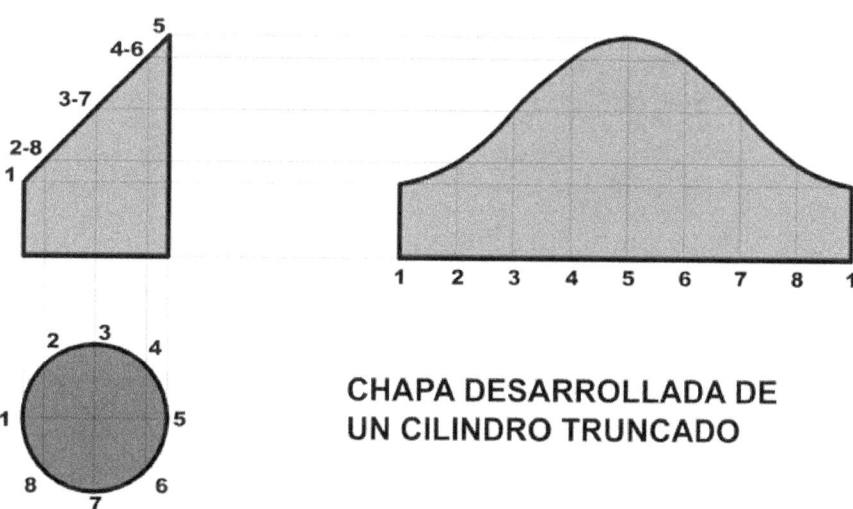

CHAPA DESARROLLADA DE UN CILINDRO TRUNCADO

185

Figura 16.

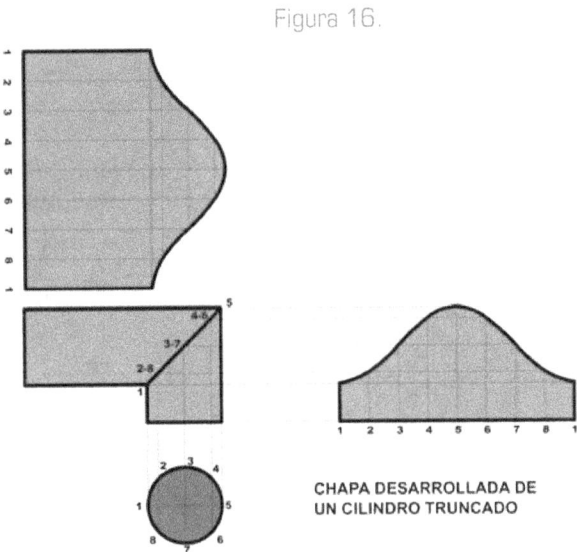

CHAPA DESARROLLADA DE UN CILINDRO TRUNCADO

Figura 17. Desarrollo de las tres piezas que componen una curva de 90° de una tubería circular.

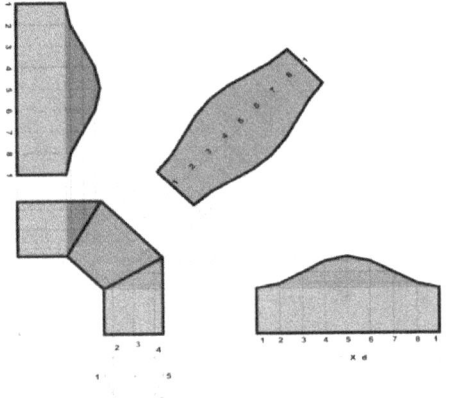

Figura 18.

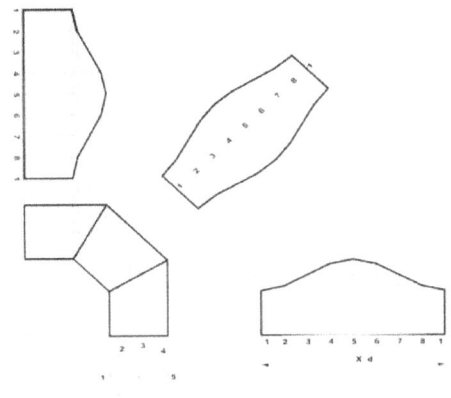

5. CONSTRUCCIÓN DE PLANTILLAS

Las plantillas son útiles de trazado, se utilizan cuando una pieza va a ser trazada en repetidas ocasiones.

Hay infinidad de tipos de plantillas ya que son invenciones para facilitar el trabajo; cada operario y oficio tiene sus costumbres y forma de realizarlas, se pueden construir a partir de una pieza ya acabada o construirla antes; enumeramos los siguientes:

Plantillas de trazados de curvas sobre chapa plana o curva que se suele realizar en cartulina, en chapa metálica o en algún plástico con la forma recortada de la figura a trazar; se usa colocándola sobre la chapa y usándola como guía al trazado.

Plantilla de situación de puntos característicos como centros, inicio y final de corte, marca de doblado, etc. Puede ser en chapa o construida en perfil, de forma que los puntos de referencia se puedan granetear sobre la chapa.

Plantillas de colocación de piezas; son útiles muy usados en el mundo de las instalaciones y la tubería; cuando queremos realizar conjuntos idénticos de elementos soldados, los elementos a soldar son colocados sobre estos útiles y una vez realizada la pieza, desmontados; así, cada pieza realizada siempre se podrá situar sobre el útil y el elemento simulado.

187

RESUMEN

La realización de un buen trazado de instalaciones y piezas de fabricación es imprescindible para lograr un resultado de calidad; el trazado puede realizarse sobre la propia pieza a fabricar o sobre el entorno donde va a ser colocada.

El trazado puede ser directo o, como en general sucede, es la trascripción de un plano a la pieza o instalación; en los planos se emplean normas y simbología que conviene conocer, aunque, como hemos dicho, ésta puede ser muy variada y cada técnico deberá conocer especialmente las de su especialidad concreta como mínimo.

Después del trazado de una pieza, queda realizar el mecanizado de la misma, un trazado correcto ayudará al operario en las acciones de mecanizado, como localización de centros y puntos característicos, líneas de corte o de plegado, ángulos de pliegue, diámetros de taladros, etc. Todo deberá estar reflejado pensando en la secuencia de operaciones del mecanizado.

Si se trata de una instalación de tuberías el trazado comienza por la colocación de los soportes de tubería; para colocar éstos se deberán tener en cuenta las pendientes, número de tuberías, objetos encontrados en el recorrido de las mismas, estética de la instalación, sencillez, etc.

CUESTIONARIO DE AUTOEVALUACIÓN

1. Enumera cuatro motivos por los que se puede considerar positivo dedicar tiempo a realizar una plantilla para el doblado de una tubería.

2. Realiza las plantillas necesarias en cartulina y recórtalas de manera se puedan construir estas tuberías a partir de chapa de 1 mm de espesor.

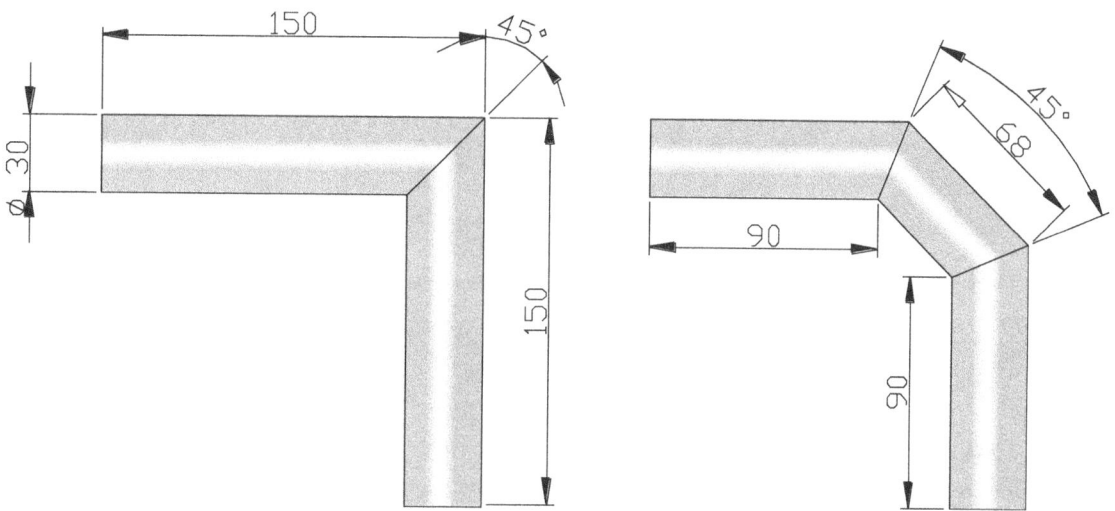

3. Explica el principio de funcionamiento de un nivel de manguera.

4. Sea una tubería de 25 m de largo con una pendiente en sentido ascendente del 1% ¿Qué diferencia de cota tendrá entre las dos puntas?

U.D. 7 PROCEDIMIENTOS DE CONFORMADO DE TUBOS, PERFILES Y CHAPAS

UD 7

ÍNDICE

INTRODUCCIÓN

Realizar instalaciones y fabricar maquinaria es un conjunto de técnicas en las que se utilizan materias primas y se transforman, hasta obtener un producto acabado con una utilidad concreta y un valor en el mercado.

Una de las técnicas utilizadas en la transformación de las materias primas es el conformado de materiales.

El estudio y conocimiento de las técnicas de conformado resulta indispensable para la formación de cualquier técnico orientado al mundo de la fabricación y la instalación.

OBJETIVOS

- Conocer las principales técnicas de conformado.

- Saber elegir el medio adecuado para la realización de una pieza por conformado.

- Relacionar entre sí los distintos procedimientos y equipos de deformación que hay que emplear según los materiales que hay que usar, las calidades y los formas a obtener.

- Realizar prácticas de conformado y describir la técnica utilizada.

1. CONFORMADO DE CHAPA. EQUIPOS, MEDIOS Y TÉCNICAS OPERATORIAS

Existen varios métodos de conformado de chapas, que pueden ser manuales o no; dependiendo de la pieza y forma que se desee obtener será de aplicación una o varias máquinas. Las máquinas que más éxito tienen en el conformado de chapas son la plegadora y la prensa hidráulica.

Una plegadora es una máquina diseñada para realizar operaciones de plegado en materiales en forma de hoja. El espesor que puede procesar varía desde 0,5 mm. hasta 20 mm., y la longitud máxima en las plegadoras Standard llegará hasta 6 metros.

Una plegadora está formada por los siguientes elementos.

- Bancada
- Trancha
- Mesa
- Órganos motores
- Mandos
- Accesorios y utillaje

Fig. 1: Principales órganos constitutivos de una prensa plegadora

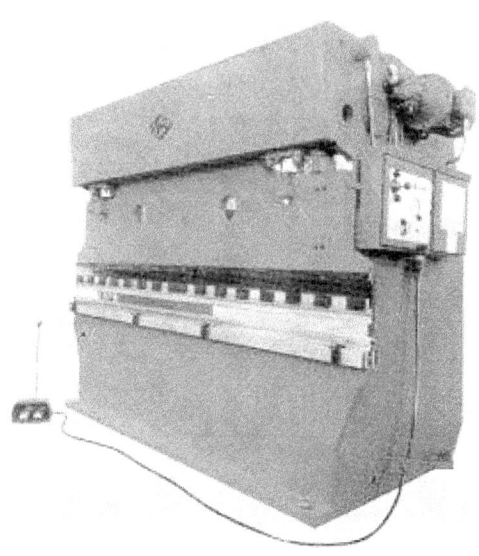

Bancada

Es la pieza sobre la que se sustenta la máquina; puede ser estructura de acero o de fundición. Tiene dos montantes laterales que estarán unidos en su parte superior, formando un puente.

Trancha

Es la pieza que, situada en la parte superior, se desplaza en sentido vertical de arriba hacia abajo, para que el punzón de plegado realice su función. Deformando la pieza, sobre ella se colocan los útiles de plegado superiores.

Mesa

Es el tablero inferior, generalmente fijo, contra el que presiona la trancha; sobre ella se colocan los útiles de plegado inferiores.

Órganos motores

Son los encargados de producir el movimiento de la trancha; normalmente son cilindros hidráulicos de doble efecto.

Mandos

Sistema de accionamiento de la plegadora; puede tener un tipo o varios; si dispone de varios tipos de mandos, existe un selector para elegir el tipo de mando. Suelen ser a pedal, barra o botones pulsadores.

Accesorios y utillajes

Son un conjunto de piezas que determinan el funcionamiento de la máquina y el tipo de pliegue a realizar:

- Topes de regulación de carrera.

- Topes traseros de posicionamiento de material.

- Consolas y topes eclipsables.

  - Dispositivos de seguridad.

  - Limitadores de puesta.

  - Selector de funcionamiento.

Método de trabajo

Distinguiremos dos tipos de trabajo como los más habituales para plegar chapa:

Plegado al aire

Se utiliza con chapas de espesores superior a 2 mm. La trancha superior, que con el punzón no completa su recorrido, plegando la chapa hasta el fondo de la matriz situada en la mesa.

Figura 2. Plegado al aire.

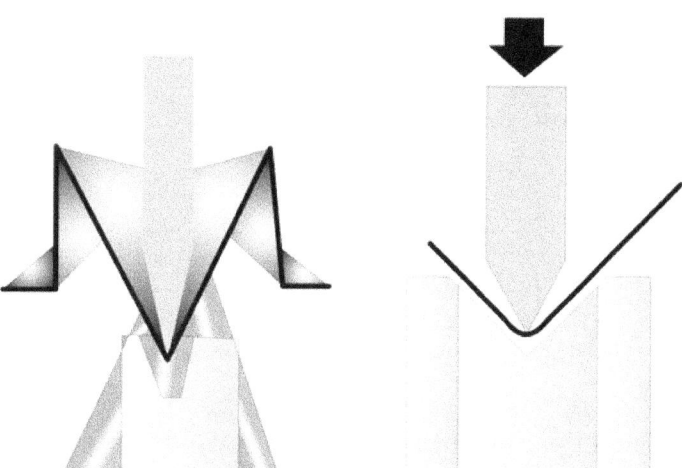

Plegado a fondo

Al contrario que el anterior, la chapa es empujada hasta el fondo de la matriz con el punzón; está técnica es empleada en chapas finas con un radio de curvatura menor. (Fig. 3)

Fig. 3: Plegado a fondo.

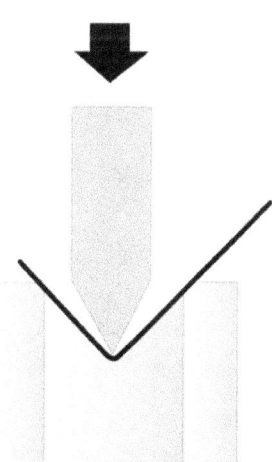

197

La forma de trabajo con una plegadora comporta un proceso de trabajo:

a. Se sitúa la pieza sobre la mesa, pegada a los topes traseros, de forma que la línea de plegado coincida con el punzón en su desplazamiento vertical.

b. Asegurados que la pieza está situada se sujeta con las manos y se acciona el mando que inicia la operación.

c. En el proceso de plegado se sigue sujetando la pieza en su movimiento.

d. Una vez plegada y la trancha completa su desplazamiento, de vuelta a su posición inicial se extrae la pieza plegada.

Prensa hidráulica

El conformado de chapas también se realiza con prensas, de hecho una plegadora es un tipo de prensa lineal; se suele llamar prensa a la máquina que trabaja dos dimensiones; la plegadora solo trabaja una, líneas rectas y pliegues.

Existen muchos tipos de prensa pero la filosofía siempre es la misma: la deformación o conformación de la chapa con un útil y la aplicación de una fuerza.

2. CURVADO, CONFORMADO Y ABOCARDADO EN TUBERÍAS METÁLICAS. EQUIPOS, MEDIOS Y TÉCNICAS OPERATORIAS

En las instalaciones y en la construcción de máquinas es habitual encontrase con un cambio de dirección en las tuberías; generalmente las tuberías son suministradas y fabricadas en tramos rectos que tendremos que transformar para obtener la forma deseada.

La tubería puede ser curvada usando un útil en el que se apoya, y que tendrá la nueva forma que queremos obtener y un sistema que aportará la fuerza necesaria para realizar el curvado.

Este elemento que aporta la fuerza necesaria puede ser accionado manualmente, por un motor eléctrico, por un sistema neumático o por un sistema hidráulico.

Las curvadoras pueden ser portátiles, para usar en la propia instalación, o fijas que se usan en talleres de mecanizado para diámetros mayores o series de trabajo más grandes.

Enumeraremos los grupos de herramientas más habituales:

Muelles curvatubos.

Curvatubos.

Tenazas curvatubos.

Conformadora de salvatubos.

Curvadora manual 90°.

Curvatubos de cobre rígido.

Curvadoras eléctricas y neumáticas portátiles.

Abocinadores o abocardadores.

Expandidores

Extractores de Tes.

Herramientas para tubo de cobre. Curvado manual

Muelles curvatubos

El sistema más sencillo para curvar tubos de cobre recocido o aluminio. Capacidad 6–16 mm.

Para trabajar con el muelle se introduce la tubería en el interior del muelle y después, manualmente y muy despacio, se va dando la forma deseada; una vez alcanzada, la forma de la tubería, se saca del muelle.

199

Figura 4. Muelles curvatubos.

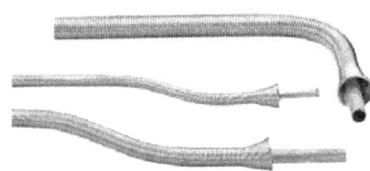

Curvatubos múltiple

Es una herramienta que se usa para curvar tuberías de pequeño diámetro, pudiendo curvar hasta 180° de tubos de cobre recocido, latón y acero dulce. Incorpora escala de curvas claras. Posición inicial del mango, 90°. Mangos de aluminio indeformables.

Normalmente llevan indicado el diámetro de las tuberías para las que se utilizan, expresadas en mm o en pulgadas, según proceda.

Se coloca un tramo recto de tubería en la curvadora y, con ayuda de la herramienta y la palanca que proporciona, se realiza la curva.

Se utiliza normalmente en trabajos de refrigeración.

Figura 5. Curvatubos múltiple.

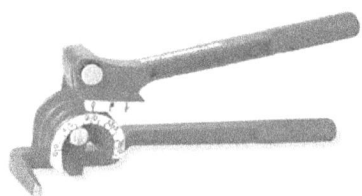

Tenazas curvatubos

Herramienta para curvar con hasta 180° tubos de cobre recocido, aluminio, latón y acero dulce. Están fabricadas para un solo diámetro y va indicado en la herramienta. La capacidad esta entre 6 y 18 mm Ø.

La abrazadera para tubos proporciona un agarre antideslizante.

Figura 6.

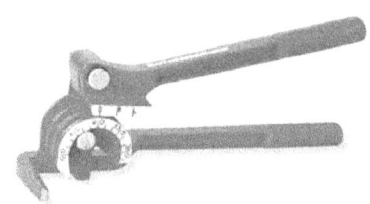

200

Conformadora de salvatubos

Es una variante de las curvadoras, que realiza una figura especial; se utiliza normalmente cuando existe un cruce de tuberías o cualquier otro obstáculo.

Para cambiar de diámetro de tubo se deben cambiar las hormas de doblado.

Figura 7.

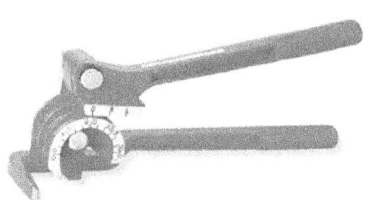

Curvadora manual 90°

Herramienta para el curvado a mano hasta 90° de tubo de cobre recocido, cobre revestido, aluminio, acero dulce y acero inoxidable de pared fina.

Requiere cambiar las hormas para operar con diferentes diámetros.

Figura 8. Curvatubos.

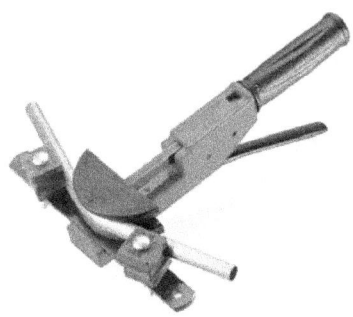

Curvatubos de cobre rígido

El cobre rígido tiene mayor dureza que el recocido; para realizar la curva se necesita una herramienta capaz de realizar un esfuerzo mayor; para curvarlo se necesitan herramientas más consistentes y de mayor brazo de palanca.

Ésta herramienta es capaz de realizar curvas en frío de hasta 180° para tubos de cobre recocido, rígido y revestido, acero dulce, aluminio, latón, acero inoxidable y tubos multicapa. Las mordazas son de aluminio forjado.

Los diámetros que se trabajan con este sistema suelen oscilar entre 8 – 28 mm Ø.

Figura 9. Curvatubos manual.

Curvadoras eléctricas y neumáticas portátiles

Cuando se quiere dar comodidad al operario, se quiere aumentar la producción de curvas o cuando la fuerza que hay que realizar es tal que no resulta práctico o posible realizarla a mano, se utilizan las curvadoras accionadas por motores eléctricos o accionamientos neumáticos.

Dependiendo del diámetro del tubo, del tipo de material o del espesor de la pared tendremos que usar máquinas de mayor o menor potencia; en general diremos que la fuerza necesaria aumentará al aumentar el diámetro, el espesor de la pared del tubo, la dureza del material y el tratamiento térmico de templado del mismo.

Las curvadoras necesitan de unos patines que sean ajustables para poder asegurar la calidad de sus curvas.

Las hay con cuerpo de aluminio para bajar el peso y posibilitar el transporte y el trabajo a pie de obra, y de mayor envergadura para utilizar sobre un banco de trabajo.

Figura 10.

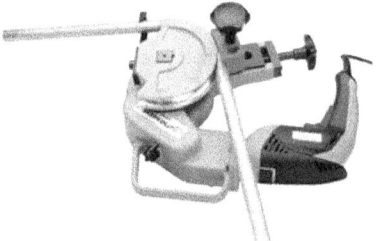

Figura 11.

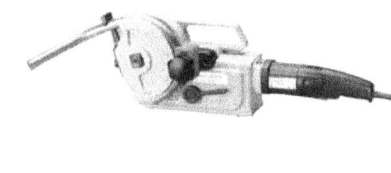

202

Figura 12.

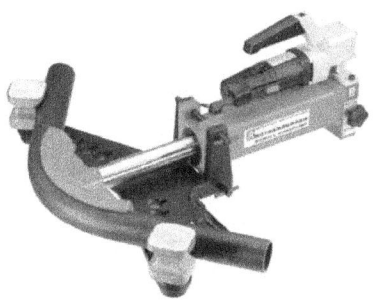

Figura 13.

Abocinadores o abocardadores

Los abocardados son expansiones de la punta del tubo en forma de cono a 45° que se realizan para preparar el tubo para un empalme sin soldadura; se utiliza en tubos de cobre, latón, aluminio y acero dulce.

Para realizar una unión por abocardado se seguirán los siguientes pasos:

- Cortar el tubo a la longitud deseada.

- Quitar las rebabas del corte y limpiar la punta del tubo.

- Introducir la tuerca en el tubo (si no se hace en ese momento después será imposible).

- Colocar el tubo sobre la herramienta soporte del abocardador en su diámetro correspondiente, fijándose que salga un poco, aproximadamente como una moneda de un euro.

- Colocar la horquilla sobre la pletina soporte y colocar sobre el cono una gota de aceite de refrigeración.

- Hacer girar la tuerca hasta que el cono presione el tubo contra la pletina hasta que se forme el abocardado.

- Separar el tubo de la pletina y comprobar que el abocardado es correcto.

- Acoplar la unión.

Cambiando el cono de la cabeza del tornillo y colocando una cabeza expandida, esta herramienta puede realizar funciones de expandidor.

203

Figura 14.

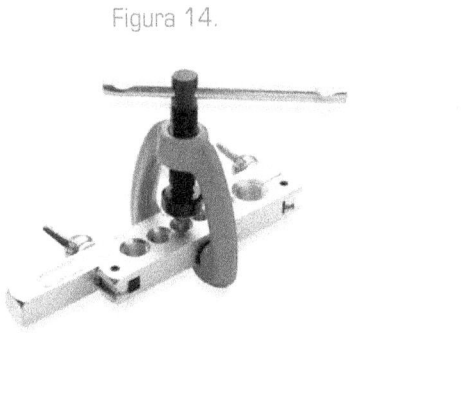

Figura 15.

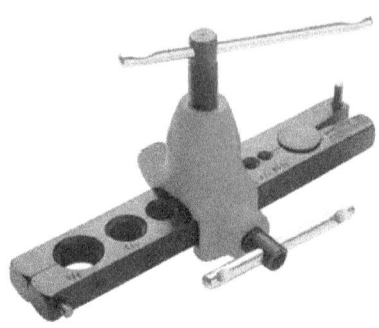

Figura 16.

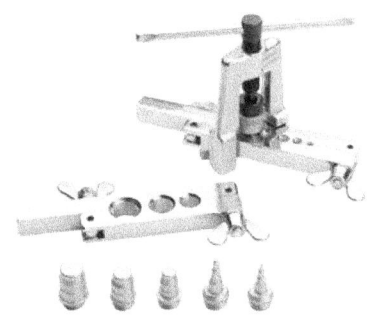

Expandidores

Cuando se quieren soldar dos tubos del mismo diámetro se realiza la expansión de una de las puntas, de forma que la otra pueda ser introducida sobre ésta.

Si el tubo es rígido puede agrietarse, si se calienta y deja enfriar, lo habremos recocido y hecho más maleable.

Esta herramienta permite ahorrar dinero en la instalación, al no tener que comprar manguitos de empalme.

Figura 17. Expandidor manual.

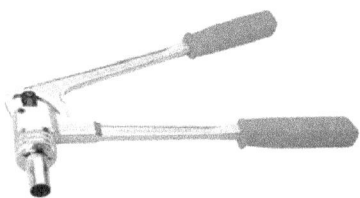

Figura 18. Expandidor eléctrico.

Extractores de Tés

Cuando se quiere realizar una derivación en tubos de cobre rígido y recocido, aluminio o acero dulce, la herramienta indicada para la realización de derivaciones o collarines es el extractor. Se aplica en instalaciones de fontanería, gas, calefacción y refrigeración.

Puede ser manual o eléctrico; el uso de una u otro tipo dependerá de la cantidad de derivaciones que deseemos construir; a medida que crece la cantidad es más conveniente usar la máquina eléctrica.

Se suele usar para realizar derivaciones a tubos desde 10 hasta 42 mm de Ø.

Figura 19. Sacabocados derivaciones, manual.

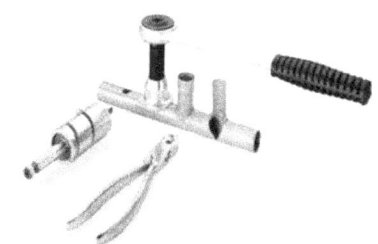

Figura 20. Accesorios Sacabocados.

Figura 21. Sacabocados derivaciones, eléctrico.

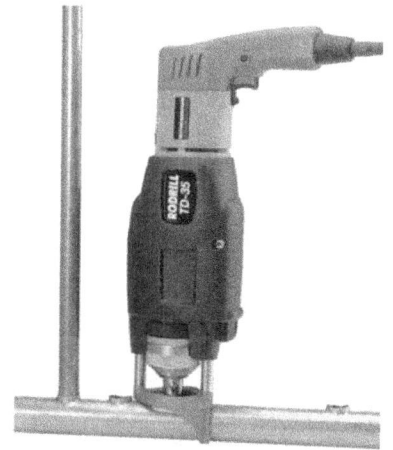

3. CURVADO Y CONFORMADO EN TUBERÍAS DE PLÁSTICO. EQUIPOS, MEDIOS Y TÉCNICAS OPERATORIAS

Curvado y conformado de una tubería plástica, PVC, polietileno, etc.

Las tuberías de material plástico también necesitan ser transformadas para que su forma se adapte a las necesidades de la instalación.

Es muy extensa la cantidad de materiales plásticos que nos podemos encontrar en el mercado, pero a efectos de conformado distinguiremos dos grupos:

• Los que se pueden curvar a temperatura ambiente.

• Los que necesitan aumentar su temperatura para poderse curvar (termoplásticos).

En general, los que se pueden curvar a temperatura ambiente son suministrados en rollos y la realización de los cambios de dirección no requiere de ninguna técnica especial, simplemente se adaptan a las necesidades.

El segundo grupo (generalmente tubería de PVC), que suele ser suministrado en tramos rectos, requiere que la temperatura de material sea elevada, por encima de la de ambiente. Veamos el proceso.

El calentamiento se realiza con una pistola de aire caliente o con un soplete a bastante distancia; existe el peligro de quemar la tubería, por lo que hay que ir con mucho cuidado.

Una vez calentada, la tubería de PVC se vuelve flexible; en ese momento hay que darle la nueva forma, con la precaución de no chafarla, y esperar a que vuelva a temperatura ambiente.

Una vez fría la tubería, vuelve a ser rígida, pero con la nueva forma que le hemos dado.

4. DOBLADO Y CONFORMADO DE PERFILES METÁLICOS. EQUIPOS, MEDIOS Y TÉCNICAS OPERATORIAS

Los perfiles metálicos son suministrados en tramos rectos, llamados habitualmente barras; cuando por necesidades de fabricación o de instalación necesitamos que la forma del perfil no sea recta recurrimos a la técnica de conformado.

Para conseguir una nueva forma se curva el perfil aplicándole una fuerza que supere el límite de elasticidad de material y pase a la zona de plasticidad del mismo.

Cuando se quiere realizar una pieza de forma cilíndrica y su diámetro no lo encontramos en piezas comerciales, la solución es realizarla a partir de una chapa plana.

Figura 22. Virolas de chapa de acero enrolladas.

5. DEFECTOS QUE APARECEN EN EL DOBLADO Y CONFORMADO DE LOS MATERIALES

Dependiendo del material y la técnica de conformado nos encontramos con diferentes defectos, los más representativos son:

Doblado de tubos

El defecto más habitual en el doblado de un tubo es que se chafe; esto suele ocurrir –si se realiza con máquina– cuando los diámetros escogidos no son los correctos para el diámetro indicado, entonces el espesor del tubo resulta insuficiente; si es con muelles manuales, suele ser por falta de pericia del operario.

Plegado de chapa

Además de los errores humanos en la secuencia de plegado, la chapa se puede agrietar por el pliegue; si ocurre, tendremos que pensar que el material es demasiado duro y no admite este conformado.

Expandido de puntas tubo de cobre o aluminio

Si el cobre es demasiado duro, se puede agrietar; si ocurre, se tendrá que recocer la punta del tubo antes de expandir.

Si no se cuida la limpieza se pueden quedar residuos que perjudiquen el circuito frigorífico; hay que realizar una buena limpieza previa a la soldadura.

Abocardados

Los conos realizados pueden resultar excesivos y la pieza de latón no se puede introducir en la punta del tubo o resulta excesivamente pequeño y no es valido por no proporcionar el asiento suficiente a la unión.

En ocasiones el tubo se agrieta al realizar el expandido y la causa puede ser un cono excesivo o la falta de lubricación del cono expansor.

Se tendrá que tener precaución con la calidad del corte y realizar un escariado correcto, de lo contrario la viruta no permitirá que el asiento sea correcto y existirán fugas de gas, incluso se puede dar la avería de los asientos de las piezas de latón o válvulas en contacto con estas virutas.

En las tuberías frigoríficas

Un efecto que perjudicará al sistema frigorífico es la humedad; el operario deberá tener la precaución de tapar la tubería en sus extremos después de cada utilización.

Si el gas a utilizar es R–407 nunca se debe usar aceite mineral, ni siquiera en los abocardados; este lubricante es un catalizador que degenera el refrigerante y el aceite del sistema frigorífico.

6. NORMAS Y USOS DE SEGURIDAD

En las operaciones de conformado de taller con máquinas tipo prensa, el riesgo más importante es el de atrapamiento de las manos del operario.

Generalmente, se toman medidas como mando de accionamiento a dos manos, separadores del operario del campo de acción de la máquina, detectores de presencia, etc.

Sería recomendable leer las notas técnicas de prevención editadas por el Ministerio de Trabajo en su sitio Web:

069 1983 Sistemas de protección en prensas mecánicas excéntricas

http://www.mtas.es/Insht/ntp/ntp_069.htm

070 1983 Mandos a dos manos. Requerimientos de seguridad

http://www.mtas.es/Insht/ntp/ntp_070.htm

131 1985 Cilindros curvadores de chapa

http://www.mtas.es/Insht/ntp/ntp_131.htm

149 1985 Plegadora de chapa

http://www.mtas.es/Insht/ntp/ntp_149.htm

Índice general.

http://www.mtas.es/Insht/ntp/ntp_e4.htm

RESUMEN

El conformado de chapas y tubos es un conjunto de técnicas muy extendidas en el mundo de las instalaciones; cada vez aparecen nuevas herramientas capaces de realizar este trabajo con precisión y los resultados son mejores.

El dominio de estas técnicas puede ser una fuente considerable de ahorros económicos y de tiempos pues evita soldaduras y acopios de material.

TÉCNICAS DE CONFORMADO.

DOBLADO Y CONFORMADO DE CHAPAS.

CURVADO Y CONFORMADO DE TUBERÍA METÁLICA.

CURVADO Y CONFORMADO DE TUBERÍA PLÁSTICA.

CONFORMADO DE UN PERFIL METÁLICO.

CILINDRADO DE UNA CHAPA.

CUESTIONARIO DE AUTOEVALUACIÓN

1. Realiza el despiece de materiales y los planos necesarios para construir una caja de zapatos con chapa de acero galvanizado de 0.6 mm de espesor. Mediante plegado de chapa.

2. Enumera las herramientas necesarias para realizar una curva en un tubo de cobre rígido de 15 mm.

3. Intenta realizar la curva sin ningún tratamiento previo del tubo y describe la experiencia.

4. Realiza un recocido del tubo y realiza el doblado, explica la diferencia entre la operación realizada y la anterior.

5. Haz una lista con las precauciones a tener en cuenta, posibles fallos y técnicas más convenientes para realizar el abocardado de una tubería de cobre frigorífica.

U.D. 8 PROCEDIMIENTOS OPERATORIOS DE MECANIZADO

UD 8

ÍNDICE

INTRODUCCIÓN

Tanto en el taller de mecanizado como en la instalación, en muchas ocasiones se realizan operaciones manuales, normalmente para realizar tareas puntuales en las que no interesa montar un proceso automático.

Estas situaciones de mecanizado manual son muy frecuentes y el dominio de las técnicas es fundamental para el desarrollo del trabajo de cualquier técnico.

En esta unidad didáctica estudiaremos las técnicas más habituales, atendiendo especialmente a aquellas que son más habituales en la profesión de los técnicos instaladores.

Figura 1. Cuerpo caldera vapor. (Teyvi)

Figura 2. Placa delantera caldera vapor.

OBJETIVOS

- Conocer y seleccionar las herramientas y los útiles destinados a la realización de cortes, limado, taladrado, avellanado y realización de roscas.

- Conocer las técnicas de corte y seleccionar la más adecuada en cada caso.

- Realizar cortes y secciones de piezas con diferentes herramientas de corte.

- Conocer las normas de seguridad e higiene en las operaciones de corte, limado, taladrado y realización de roscas.

- Conocer los procesos de lijado.

- Seleccionar las brocas que se deben emplear en el taladrado según el material y el proceso por ejecutar.

- Aprender a realizar taladros y avellanados en distintos materiales.

- Saber qué es un escariado de tubo y conocer los escariadores más habituales.

- Realizar el afilado de una broca.

- Conocer la geometría de las roscas y distinguir el sistema al que pertenece.

- Aprender a realizar roscas de tubería con terrajas manuales y eléctricas.

1. EQUIPOS Y MEDIOS EMPLEADOS. DESCRIPCIÓN Y MANTENIMIENTO

Para cada operación de mecanizado se necesita una herramienta diferente y unos útiles concretos, y cada una de ellas tiene muchas variantes; aquí enumeraremos las más comunes:

Limas.

Sierra de arco.

Tronzadora.

Sierra de cinta.

Taladros

Brocas.

Amoladora.

Roscadoras de tuberías.

Lima

Es una herramienta manual pensada para realizar un acabado superficial a base de arrancado de virutas.

Existen muchos tipos de limas para trabajar distintos materiales y diversas formas de limado; las características principales son:

Tamaño:

Hace referencia a la longitud del cuerpo de la limas; se expresa en pulgadas.

Forma:

La forma de la lima deberá ser compatible con forma de la superficie a mecanizar, de manera que exista un contacto que permita el mecanizado; pueden ser planas, triangulares, cuadradas, de media caña, redondas o de cuchillo.

Picado:

Hace referencia a la rugosidad de la lima, y la forma geométrica en que están alineados los dientes.

217

Figura 3. Limas.

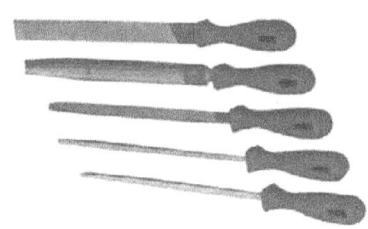

Grado de corte:

Indica la cantidad de dientes que tiene una lima por unidad de superficie; son más finas cuanto mayor número de dientes tienen y más bastas o ásperas cuanto menor es el número.

Sierra de arco

Se utiliza para cortar piezas por arranque de virutas.

Dependiendo del fabricante, puede adoptar diversas formas, pero básicamente se compone de un bastidor en forma de arco sobre el que se coloca el arco de sierra. La hoja de sierra es una lámina delgada de acero al carbono con dos agujeros en sus extremos y dientes en un canto.

La forma de los dientes varia en función del material que se desea cortar.

Figura 4. Sierra de arco.   Figura 5. Hoja sierra de arco.

Tronzadora

La tronzadora de disco es una máquina utilizada para el corte a un ángulo determinado entre 45° a derecha e izquierda del plano normal de contacto del disco con la pieza, pudiendo cortar asimismo a bisel.

Para efectuar los cortes, el operario deposita la pieza sobre la mesa contra la guía–tope posterior, selecciona el ángulo de corte y aproxima el disco a la pieza accionando el brazo destinado al efecto.

Dispone de mordazas horizontales, posicionamiento sobre el eje longitudinal del perfil, que permite la sujeción lo más cerca posible de la línea de corte.

Figura 6. Tronzadora.

Uso de la tronzadora.

Esta máquina siempre está apoyada sobre una bancada; lo primero que se debe comprobar es que el disco de corte es correcto y está en estado de uso.

Se sujeta la pieza fijamente con el tornillo de la bancada, de forma que no se pueda escapar durante el proceso de cortado. Si la pieza es muy larga tendremos que prever que quede sujeta una vez cortada para evitar caídas bruscas del material.

Comprobar que le llega al disco el líquido refrigerante cuando se pone a girar.

Apretar el botón de inicio de marcha con la mano derecha e iniciar el proceso de acercado del disco a la pieza.

Realizar presión moderada con el brazo de la tronzadora sobre la pieza para producir el avance del corte.

Una vez cortada, retirar la pieza.

Sierra de cinta

Es una máquina herramienta que puede ser de taller o portátil; el elemento de corte es una cinta dentada que gira entre dos rodillos.

La cinta es desmontable y se cambia en función del material a cortar, metales, madera, plásticos, etc., o cuando pierde la capacidad de corte para afilar.

Se regula la velocidad de giro de los platos y el avance de la cinta es manual ejerciendo el operario la presión entre cinta y pieza.

Es muy usada para el corte de tubos y de perfiles huecos, aluminio, plásticos, etc., su funcionamiento es rápido y silencioso.

Figura 7. Sierra de cinta transportable.   Figura 8. Sierra de cinta fija.

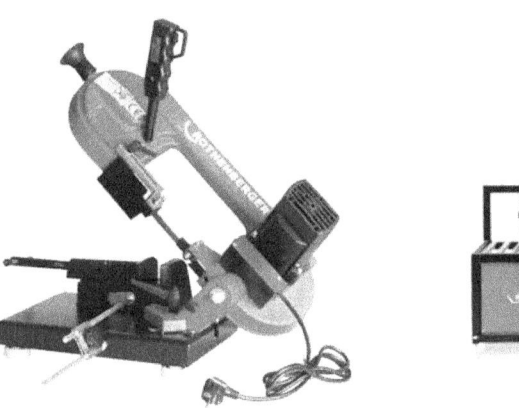

Taladros

Taladro portátil.

Es una máquina eléctrica portátil con forma de pistola. Se acciona con una especie de gatillo que es el interruptor con que se acciona. Consta de una carcasa, generalmente plástica, que recubre el motor, y en el extremo lleva una pieza (portabrocas o mandril) que permite acoplar los complementos o brocas.

Puede tener una, dos o más velocidades. La velocidad se reducirá para trabajar con materiales duros.

El Portabrocas o mandril va unido al eje del motor del taladro. Su tamaño fija el diámetro de las brocas que admite.

Taladro de columna.

Realiza las misma funciones que el portátil pero permite trabajos de mayor envergadura y más cómodos y seguros.

Es un taladro fijo compuesto por un motor y portabrocas que proporcionan a la broca el giro necesario de taladrado y movimiento vertical de avance del taladro y una mesa dotada de un tornillo o prensa de sujeción del material a taladrar.

Tiene la posibilidad de regulación de la velocidad de giro de la broca, opción que se deberá usar teniendo en cuenta el diámetro del agujero a realizar, para evitar el excesivo calentamiento de la broca y pérdida de características.

La principal ventaja de este taladro es la absoluta precisión del orificio y el ajuste de la profundidad.

Permiten taladrar fácilmente algunos materiales frágiles (vidrio, porcelana, etc.) que necesitan una firme sujeción para que no se rompan.

Taladros con brocas de diamante para construcción.

Son máquinas especialmente diseñadas para la realización de agujeros pasantes en forjados de construcción con el objeto de dotar a las construcciones de pasos para la realización de bajantes y pasamuros para las tuberías.

Figura 9. Taladro manual eléctrico.

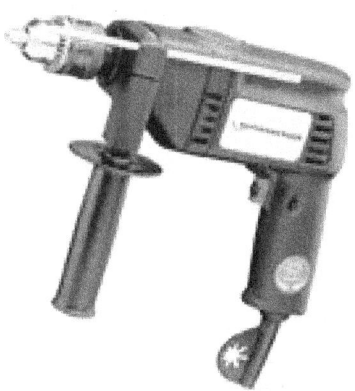

Figura 10. Taladro de columna.

Figura 11. Taladro de forjados.

Figura 12. Taladro manual baterías.

Brocas

Es la herramienta que acoplada al taladro realiza los agujeros en el material; hay gran variedad. Pueden ser, por ejemplo:

Brocas de widia.

Para hormigón, y material de construcción.

Apropiadas para taladrar granito hormigón, gres, etc.

Figura 13. Brocas widia.

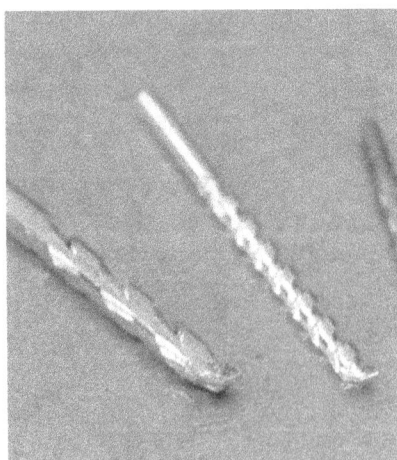

Brocas de metal.

Sirven para taladrar metal y algunos otros materiales como plásticos, por ejemplo, e incluso madera, cuando no requiramos de especial precisión.

Figura 14. Brocas metal.

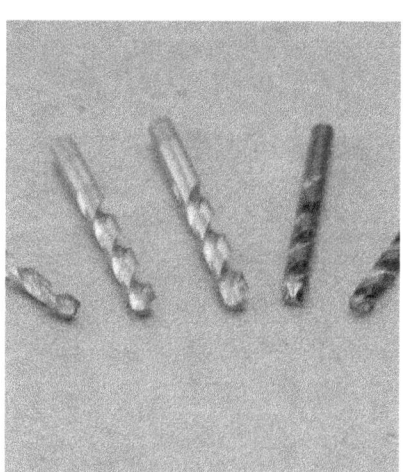

Brocas de tres puntas para madera.

Son específicas para taladrar madera, suelen estar hechas de acero al cromovanadio. En la cabeza tienen tres puntas: la central, para centrar perfectamente la broca, y las de los lados que son las que van cortando el material, dejando un orificio perfecto. Se utilizan para todo tipo de maderas: duras, blandas, contrachapados, aglomerados, etc.

Figura 15. Brocas madera.

Brocas planas o de pala para madera.

Se utilizan para realizar agujeros de diámetro grande en la madera, su forma permite que se puedan introducir en un taladro estandar. Hay que guardar cuidado con la perpendicularidad del taladrado, porque resulta un poco complicado realizar esta operación con el pulso del operario, es mejor usarla con taladro de columna.

Figura 16. Brocas plana madera.

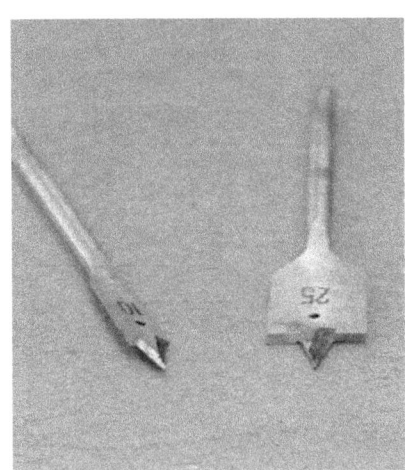

Brocas perforadoras.

Para perforar cerámica, piedra, yeso.

Figura 17. Brocas construcción.

Brocas para cristal.

Son brocas con una punta de carburo de tungsteno (widia) con forma de punta de lanza. Se usan para taladrar vidrio, cerámica, azulejos, porcelana, espejos, etc. Si es posible, resulta mejor la utilización de soporte vertical o taladro de columna y una buena refrigeración.

Figura 18. Brocas vidrio.

Brocas para taladro húmedo.

Se usan en taladros específicos de forjados en construcción, en los materiales de hormigón armado, asfalto, piedra natural y sintética.

Figura 19. Brocas taladro húmedo.

Amoladora

Se trata de un tipo de máquina portátil, accionada normalmente por energía eléctrica o aire comprimido, que, utilizando distintas herramientas y útiles en forma de discos, pueden realizar tareas como: corte, eliminado de rebabas (rebarbado), preparación de piezas para soldadura, desbaste, lijado, desoxidado, pulido, etc.

Los discos que se colocan en la amoladora tienen construcciones y características distintas dependiendo del uso a que se destinen.

Es una máquina que realiza muchas funciones pero a la vez es necesario extremar las precauciones en su uso, especialmente en las tareas de corte; cuando el disco se atasca la reacción de la máquina suele ser muy brusca.

Resulta indispensable el uso de gafas de protección en su uso: proyecta polvo del material y chispas a gran velocidad, pudiendo afectar a los ojos.

Figura 20. Amoladora.

Figura 21. Disco de lijas.

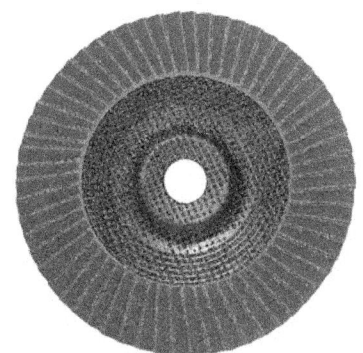

Figura 22. Disco abrasivo.

Figura 23. Disco de corte piedra.

Corte por abrasión

Para este corte se usan amoladoras, que son herramientas eléctricas que hacen girar un disco abrasivo; cuando la pieza se acerca al disco sufre un desgaste de material del que se desprenden partículas produciendo el corte en el material.

El material a cortar debe estar bien sujeto por el operario o por cualquier otro método.

Siempre se deben llevar las gafas de protección con esta máquina, pues es muy peligroso y probable que realice proyección de polvo de metal incandescente sobre los ojos.

Cuando la máquina se pone en marcha el operario debe estar en una posición cómoda y poder controlar con firmeza sus movimientos.

Se acerca con precaución el disco girando sobre la pieza, como si fuese a acariciarlo, y cuando se produce el contacto comienza el proceso de corte por abrasión.

Hay que tener especial cuidado con no perder la perpendicularidad cuando el disco esté introducido en la ranura del corte, porque entonces se atascaría y produciría un movimiento muy brusco sobre las manos del operario. Éste es otro de los peligros que comporta, pues la máquina quedaría descontrolada si se suelta, con el consiguiente peligro.

2. TÉCNICAS DE MECANIZADO MANUAL

El limado

Antes de proceder al proceso de limado de una pieza tendremos que proceder a realizar varias tareas:

Sujeción de la pieza.

La pieza debe sujetarse en el banco de trabajo o en cualquier otro lugar de forma que la posición de trabajo sea adecuada y no exista riesgo de movimiento de la misma.

Selección de la lima a utilizar.

Cada trabajo requiere un acabado y una lima es importante acertar en la elección, de lo contrario resultará un trabajo penoso.

Limado de la superficie.

La posición adoptada por el operario es fundamental para el rendimiento en este trabajo, cogerá el mango de la lima con la mano derecha (diestros), que estará apoyada sobre la superficie a limar, con la mano izquierda apoyada al final de la misma, acompañando el movimiento para evitar que se balancee en su avance.

La lima apoyará perfectamente en toda la superficie, gracias a la posición de la mano izquierda; sólo se limara en el sentido de avance, relajando la presión en la vuelta; la zona limada estará visualizada constantemente para comprobar el proceso; no se tocará con la mano ni la pieza ni la lima, para evitar que la grasa de la piel las impregne.

Durante el proceso de limado hay que variar la dirección 90° para evitar que aparezcan rayados; si la superficie es plana, la lima será plana y cuando la superficie sea cóncava se usará la línea de media caña o la lima redonda, dependiendo de la forma que mejor se ajuste a la pieza.

Serrado con sierra de arco

De la misma manera que el limado la pieza, deberá estar correctamente sujeta en el banco de trabajo y la posición del operario será fundamental.

Con la mano derecha se cogerá el mango y con la mano izquierda el extremo opuesto del arco; el corte se realiza en el sentido de avance y se relaja la fuerza para volver la sierra a su posición inicial; conviene tener un ritmo constante para evitar que hoja de la sierra se atasque.

Los dientes del arco de sierra son los que producen el corte y deben estar situados en dirección del sentido de corte.

3. TÉCNICAS ESPECÍFICAS DE MECANIZADO EN TUBOS, PERFILES Y MATERIALES DIVERSOS

Cortatubos

Es una herramienta indispensable en labores de fontanería, refrigeración, calefacción e instalaciones de gas, con ella se pueden cortar tubos de acero, cobre, aluminio y de plásticos.

Figura 24. Minicortatubos.   Figura 25 Cortatubos metálicos.

Figura 26. Cortatubos plásticos.

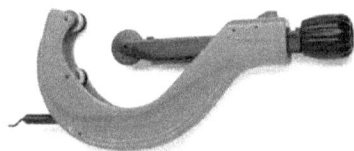

Técnica de cortado de tubos.

La técnica de uso del cortatubos es como se describe a continuación:

Inicialmente se toma la medida del tubo a cortar y se marca con lápiz sobre el propio tubo.

Se coloca la superficie cortante sobre la marca para luego apretar el tubo entre la cuchilla y los dos rodillos.

Hacer rodar el cortatubos con el cortante presionando el tubo para realizar un corte limpio.

No presionar en exceso el tubo, para evitar deformarlo e inutilizar el trozo de tubería.

El giro del cortatubos se realiza sujetando el tubo con una mano y haciéndolo girar alrededor de éste suavemente; cada dos vueltas se aumenta un poco la presión de la superficie cortante mediante el tornillo unido al mango del cortatubos.

Una vez realizado el corte, si han quedado rebabas en el corte, se puede utilizar escariador del propio cortatubos o cualquier otro, pero resulta imprescindible realizar esta operación.

Sierras tigre

Es una herramienta de accionamiento eléctrico de cortado de tubos in situ, puede cortar tubos hasta de 6" y resulta muy efectiva.

La hoja de sierra está unida solidariamente a la máquina, realiza un movimiento de vaivén y avanza en el corte por el movimiento de acercamiento del operario al tubo.

Para que funcione correctamente debe estar muy bien amarrada al tubo con la cadena o accesorio que presente.

Figura 27. Sierra de tigre.

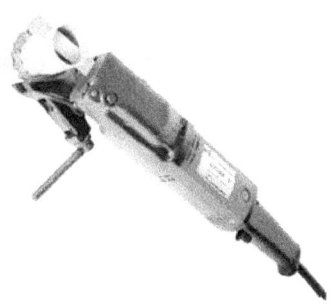

Ranurado de tubos

El ranurado de los tubos es una preparación de la punta del tubo para el posterior acoplamiento de un accesorio que permitirá el empalme de este tubo a otro, realizar una derivación, un cambio de sentido o el acoplamiento de cualquier otro accesorio.

El accesorio necesita que en la punta de tubo, y en todo su perímetro, exista una ranura normalizada, sobre ésta se apoyará y realizará las funciones de empalme y estanqueidad.

229

Es un sistema muy extendido en las instalaciones contraincendios y resulta interesante en instalaciones de calefacción y refrigeración.

Figura 28. Tubo ranurado.   Figura 29. Maquina ranuradora.

El taladrado de materiales es otra operación que se puede realizar manualmente. Se usa para agujerear una o varias piezas.

Básicamente existen dos métodos de taladrado de materiales: por arranque de viruta realizado con brocas o por arranque de material provocado con un punzón.

En el taladrado se pueden usar máquinas portátiles, conocidas como taladradoras y máquinas fijas, generalmente taladros de columna.

El punzonado se suele realizar con máquinas automáticas de gran complejidad, pero que sacan rendimientos y calidades muy elevadas

4. TÉCNICAS DE ROSCADO

Se define la rosca como el arrollamiento helicoidal de un prisma o filete sobre una superficie de revolución, generalmente cilíndrica.

Para realizar una rosca se toma una base cilíndrica y se le talla, con arranque de material, un perfil helicoidal de la forma deseada. Este trabajo se puede hacer a máquina o a mano y sobre un perfil hueco (tubo) o macizo (tornillo).

Las mayoría de las roscas que nos encontramos están talladas a máquina, pero excepcionalmente nos encontramos con roscas realizadas a mano.

Distinguiremos entre las roscas cónicas, más aplicadas en tuberías y conducción de fluidos, y las roscas MÉTRICAS o ISO, aplicadas en tortillería.

Si la rosca a realizar es rosca hembra se utilizará una herramienta de arranque de material llamada macho y si la rosca a realizar es de tipo macho las herramientas se denominan terrajas.

Las roscas realizadas en tuberías en proceso manual siempre son roscas macho, siempre se rosca el tubo.

Roscadoras de tuberías

El roscado de tuberías es una operación muy utilizada en todo tipo de instalaciones; pueden ser de dos tipos: rectas y de tipo cónico. Generalmente, en la conducción de fluidos se usa la de tipo cónico, que proporciona más estanquidad a la tubería.

Figura 30.

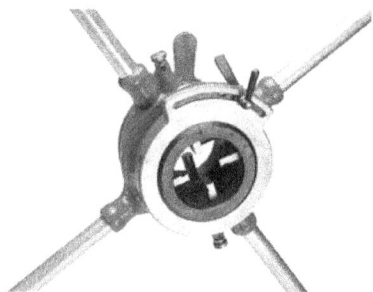

Roscado con terraja manual:

El doble sistema de carraca y centrado del tubo las ventanas son parta facilitar la salida de virutas y producir roscas limpias.

Este modelo tiene 4 manerales para facilitar el roscado.

Figura 31.

Los peines son los accesorios que realmente producen la rosca, son desmontables y se deben reponer cuando pierden su capacidad de corte; siempre deben ser más duros que el material a trabajar.

Roscadora eléctrica portátil.

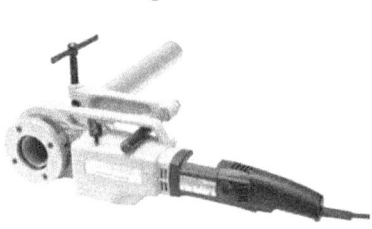

Figura 32.

Se usa para roscar tubos en rosca cónica DIN 2999 derechas o izquierdas; suelen poder roscar tubo desde 1/4" hasta 2". El sentido de giro de las terrajas se invierte para avanzar en la rosca y volver y expulsar el tubo.

El tubo debe estar bien sujeto a un banco de trabajo.

Roscadora eléctrica.

Figura 33.

Son máquinas de mayor envergadura, preparadas para realizar roscas en tubos DIN 2999 (BSPT), NPT a derechas. Desde 1/4" hasta 4; Métrico (8–52 mm) y PG para uso eléctrico (PG7–PG48).

Estas máquinas disponen de accesorios capaces de realizar las operaciones de corte, escariado y roscado, con el consiguiente ahorro de tiempo.

La lubricación en el momento de roscado es automática y regulable por el interior de la terraja directamente a los peines, realizada con una bomba de aceite de sistema mecánico.

Machos

Son herramientas pensadas para realizar la rosca sobre un agujero (rosca hembra); básicamente tiene la misma forma que el tornillo que acoplará en esa rosca, pero con la facultad de arrancar viruta en su avance de rosca con unas ranuras que tiene preparadas para esta función.

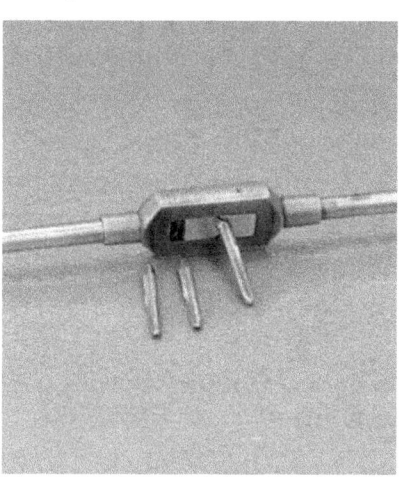

Figura 34. Machos de roscar.

La cabeza es cuadrada para acoplar a ella el volvedor y poder girar el macho.

Para realizar la rosca se utiliza un juego de tres machos que van numerados: el 1, el 2 y el 3.

El primero a utilizar es el 1, que se llama macho de inicio: sirve para marcar el camino que seguirán los restantes, arrancando la primera parte del material; el segundo se llama de intermedio y profundiza más en la rosca, y el tercero, que es cilíndrico excepto una pequeña entrada, vale para darle el acabado fino a la rosca.

Para hacer la rosca sobre un agujero (tuerca hembra).

• Determinar el diámetro y el paso de la rosca a realizar.

• Señalar con el granete el punto central del agujero.

• Realizar el taladro sobre el material.

El diámetro de la broca vendrá determinado por el diámetro de la rosca, menos el paso, ambos en mm.; usaremos una tabla y medidas normalizadas.

Rosca métrica	Diámetro del taladro
3 x 50	2,5 mm
4 x 70	3,3 mm
5 x 80	4,2 mm
6 x 100	5 mm
7 x 100	6 mm
8 x 125	6,75 mm
10 x 150	8,5 mm
12 x 175	10,25 mm

233

- Colocar el macho nº 1 de iniciación sobre el maneral porta–machos y central sobre el agujero; tener la precaución de que se inicie la rosca con el macho en posición completamente vertical.

- Comenzar a roscar girando a derechas, avanzando una vuelta y retrocediendo 1/4 de vuelta repetitivamente, y lubricando constantemente con aceite Seguir con el macho nº 2 repitiendo el proceso y acabar con el macho nº 3.

Terrajas o cojinetes

Son las herramientas de corte utilizadas para la realización de roscas exteriores tipo macho o tornillos.

Son de acero al carbono o de acero rápido templado, tratamiento que les da más dureza.

De la misma forma que los machos, se configuran con ranuras laterales que permiten realizar el corte y evacuar la virutas producidas en su avance.

Figura 35. Terrajas de roscar.

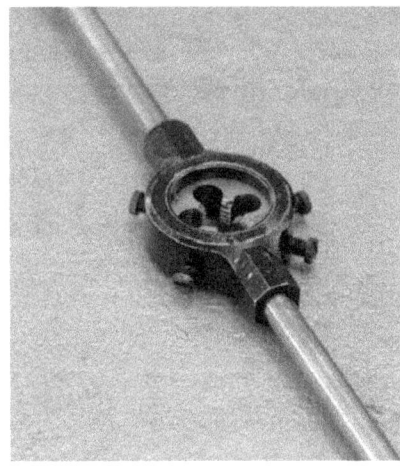

Realización de la rosca macho, tornillo.

- Determinar la rosca que va a efectuar.

- Escoger una varilla con el nominal de la rosca.

- Sujetar la varilla firmemente para que no se mueva durante la operación.

- Colocar la terraja en el maneral con sus orificios de centrado, enfrente de la varilla.

- Asegurar correctamente la terraja en el maneral usando los tornillos que tiene para su fijación.

- Ajustar la terraja a su máxima apertura, para que en su pasada "coma" lo menos posible.

- Con la varilla completamente vertical, colocar la terraja perpendicular a la varilla.

- Comenzar a girar la terraja hacia la derecha, avanzando una vuelta y retrocediendo 1/4 de vuelta. Lubricar a menudo y repetir la operación indefinidamente hasta completar el avance deseado de la rosca.

- Sacar la terraja y cerrarla, para repetir la operación anterior, realizando ahora un corte más allá del anterior y conseguir con la segunda pasada el fileteado definitivo.

5. RIESGOS. SEGURIDAD DE USO APLICABLE

Riesgos

Cada máquina o trabajo tiene unos riesgos propios de la actividad, entre los que destacamos:

Proyecciones de objetos y/o fragmentos.

Aplastamientos.

Atrapamientos.

Ambiente pulvígeno.

Caídas de personas al mismo nivel.

Contactos eléctricos directos.

Contactos eléctricos indirectos.

Cuerpos extraños en ojos.

Golpes y/o cortes con objetos y/o maquinaria.

Pisada sobre objetos punzantes.

Sobreesfuerzos.

Ruido.

Quemaduras físicas y químicas.

Caída de objetos y/o de máquinas.

Golpes y/o cortes con objetos y/o maquinaria.

Señalización

El Real Decreto 485/1997, de 14 de abril por el que se establecen las disposiciones mínimas de carácter general relativas a la señalización de seguridad y salud en el trabajo, indica que deberá utilizarse una señalización de seguridad y salud, a fin de:

A. Llamar la atención de los trabajadores sobre la existencia de determinados riesgos, prohibiciones u obligaciones.

B. Alertar a los trabajadores cuando se produzca una determinada situación de emergencia que requiera medidas urgentes de protección o evacuación.

C. Facilitar a los trabajadores la localización e identificación de determinados medios o instalaciones de protección, evacuación, emergencia o primeros auxilios.

D. Orientar o guiar a los trabajadores que realicen determinadas maniobras peligrosas.

Protecciones

EQUIPOS DE PROTECCIÓN INDIVIDUAL (EPIS)

Cada riesgo estará disminuido con un EPI adecuado, entre los que destacamos:

Quemaduras físicas y químicas.

Guantes de protección frente a abrasión.

Guantes de protección frente a agentes químicos.

Guantes de protección frente a calor.

Sombreros de paja (aconsejables contra riesgo de insolación).

Proyecciones de objetos y/o fragmentos.

Calzado con protección contra golpes mecánicos.

Casco protector de la cabeza contra riesgos mecánicos.

Gafas de seguridad para uso básico (choque o impacto con partículas sólidas).

Pantalla facial abatible con visor de rejilla metálica, con atalaje adaptado al casco.

Ambiente pulvígeno.

Equipos de protección de las vías respiratorias con filtro mecánico.

Gafas de seguridad para uso básico (choque o impacto con partículas sólidas).

Pantalla facial abatible con visor de rejilla metálica, con atalaje adaptado al casco.

Aplastamientos.

Calzado con protección contra golpes mecánicos.

Casco protector de la cabeza contra riesgos mecánicos.

Atrapamientos.

Calzado con protección contra golpes mecánicos.

Casco protector de la cabeza contra riesgos mecánicos.

Guantes de protección frente a abrasión.

Caída de objetos y/o de máquinas.

Bolsa portaherramientas.

Calzado con protección contra golpes mecánicos.

Casco protector de la cabeza contra riesgos mecánicos.

Caídas de personas a distinto nivel.

Cinturón de seguridad antiácidos.

Cinturón de seguridad para trabajos de poda y postes.

Caídas de personas al mismo nivel.

Bolsa portaherramientas.

Calzado de protección sin suela antiperforante.

Contactos eléctricos directos.

Calzado con protección contra descargas eléctricas.

Casco protector de la cabeza contra riesgos eléctricos.

Gafas de seguridad contra arco eléctrico.

Guantes dieléctricos.

Contactos eléctricos indirectos.

Botas de agua.

Cuerpos extraños en ojos.

Gafas de seguridad contra proyección de líquidos

Gafas de seguridad para uso básico (choque o impacto con partículas sólidas)

Pantalla facial abatible con visor de rejilla metálica, con atalaje adaptado al casco

Golpe por rotura de cable.

Casco protector de la cabeza contra riesgos mecánicos.

Gafas de seguridad para uso básico (choque o impacto con partículas sólidas).

Pantalla facial abatible con visor de rejilla metálica, con atalaje adaptado al casco.

238

Golpes y/o cortes con objetos y/o maquinaria.

Bolsa portaherramientas.

Calzado con protección contra golpes mecánicos.

Casco protector de la cabeza contra riesgos mecánicos.

Chaleco reflectante para señalistas y estrobadores.

Guantes de protección frente a abrasión.

Pisada sobre objetos punzantes.

Bolsa portaherramientas.

Calzado de protección con suela antiperforante.

Vibraciones.

Cinturón de protección lumbar.

Sobreesfuerzos.

Cinturón de protección lumbar.

Ruido.

Protectores auditivos.

Protección contra contactos eléctricos

Protección contra contactos eléctricos indirectos:

Esta protección consistirá en la puesta a tierra de las masas de la maquinaria eléctrica asociada a un dispositivo diferencial.

El valor de la resistencia a tierra será tan bajo como sea posible, y como máximo será igual o inferior al cociente de dividir la tensión de seguridad (Vs), que en locales secos será de 50 V y en los locales húmedos de 24 V, por la sensibilidad en amperios del diferencial(A).

Protecciones contra contacto eléctricos directos:

Los cables eléctricos que presenten defectos del recubrimiento aislante se habrán de reparar para evitar la posibilidad de contactos eléctricos con el conductor.

Los cables eléctricos deberán estar dotados de clavijas en perfecto estado a fin de que la conexión a los enchufes se efectúe correctamente.

Los vibradores estarán alimentados a una tensión de 24 voltios o por medio de transformadores o grupos convertidores de separación de circuitos. En todo caso serán de doble aislamiento.

En general, cumplirán lo especificado en el presente Reglamento Electrotécnico de Baja Tensión.

Uso en seguridad de la taladradora

De forma genérica las medidas de seguridad a adoptar al utilizar las máquinas eléctricas portátiles son las siguientes:

Cuidar de que el cable de alimentación esté en buen estado, sin presentar abrasiones, aplastamientos, punzaduras, cortes o cualquier otro defecto.

Conectar siempre la herramienta mediante clavija y enchufe adecuados a la potencia de la máquina.

Asegurarse de que el cable de tierra existe y tiene continuidad en la instalación si la máquina a emplear no es de doble aislamiento.

Al terminar, se dejará la máquina limpia y desconectada de la corriente.

Cuando se empleen en emplazamientos muy conductores (lugares muy húmedos, dentro de grandes masas metálicas, etc.) se utilizarán herramientas alimentadas a 24 v como máximo o mediante transformadores separadores de circuitos.

El operario debe estar adiestrado en el uso, y conocer las presentes normas.

Utilizar gafas antiimpactos o pantalla facial.

La ropa de trabajo no presentará partes sueltas o colgantes que pudieran engancharse en la broca.

En el caso de que el material a taladrar se desmenuzara en polvos finos, utilizar mascarilla con filtro mecánico (pueden utilizarse las mascarillas de celulosa desechables).

Para fijar la broca al portabrocas, utilizar la llave específica para tal uso.

No frenar el taladro con la mano.

No soltar la herramienta mientras la broca tenga movimiento.

No inclinar la broca en el taladro con objeto de agrandar el agujero; se debe emplear la broca apropiada a cada trabajo.

En el caso de tener que trabajar sobre una pieza suelta, ésta estará apoyada y sujeta.

Al terminar el trabajo, retirar la broca de la máquina.

RESUMEN

Las operaciones de mecanizado, manual o no, son muy variadas; el dominio de estas técnicas y el trabajo con ellas en condiciones de seguridad es fundamental para el desarrollo de la profesión de cualquier técnico de montaje.

El siguiente cuadro resume la técnicas más utilizadas, aunque existen muchas más, ya que son específicas y no pueden ser todas nombradas.

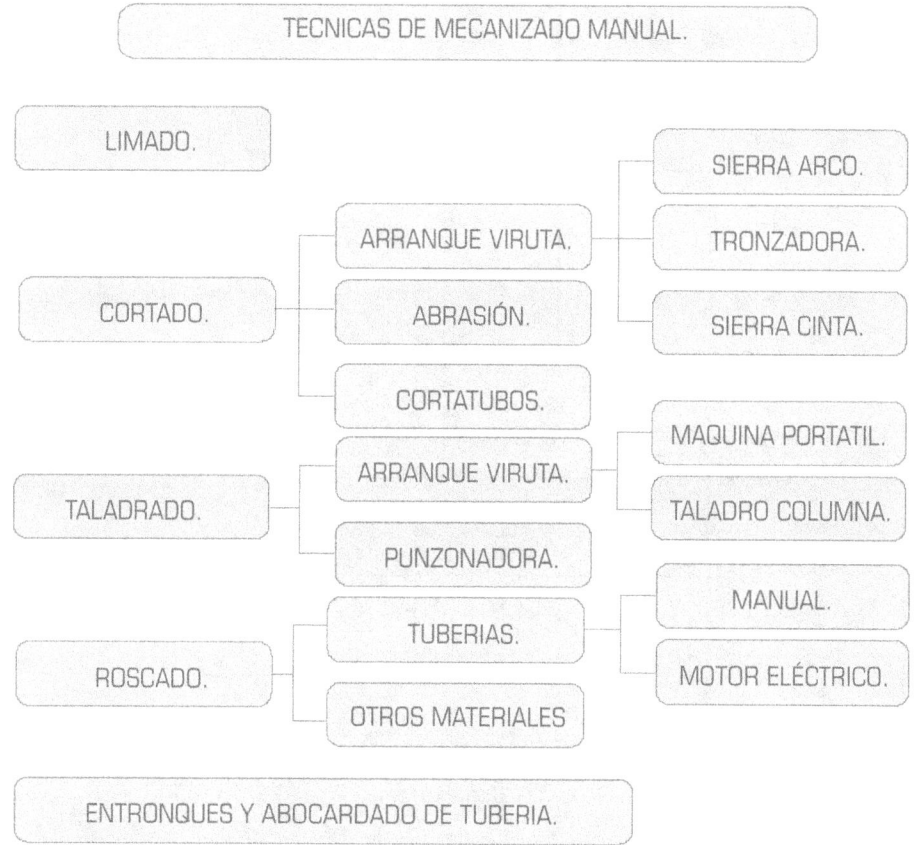

CUESTIONARIO DE AUTOEVALUACIÓN

Realizar las piezas de los planos siguientes en taller y completar las fichas del anexo 1.

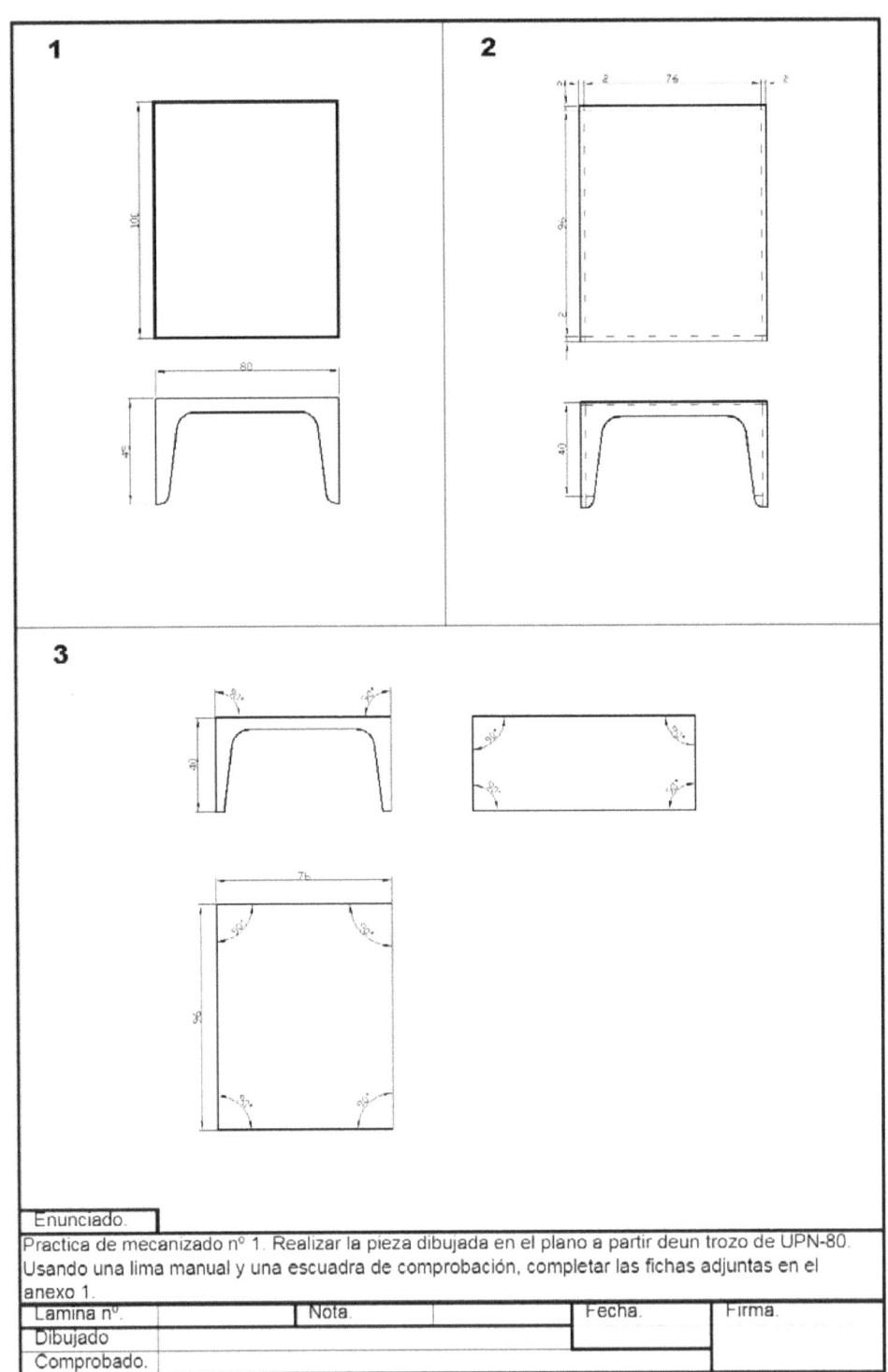

Enunciado.

Practica de mecanizado nº 1. Realizar la pieza dibujada en el plano a partir deun trozo de UPN-80. Usando una lima manual y una escuadra de comprobación, completar las fichas adjuntas en el anexo 1.

Lamina nº.	Nota.		Fecha.	Firma.
Dibujado				
Comprobado.				

4

5

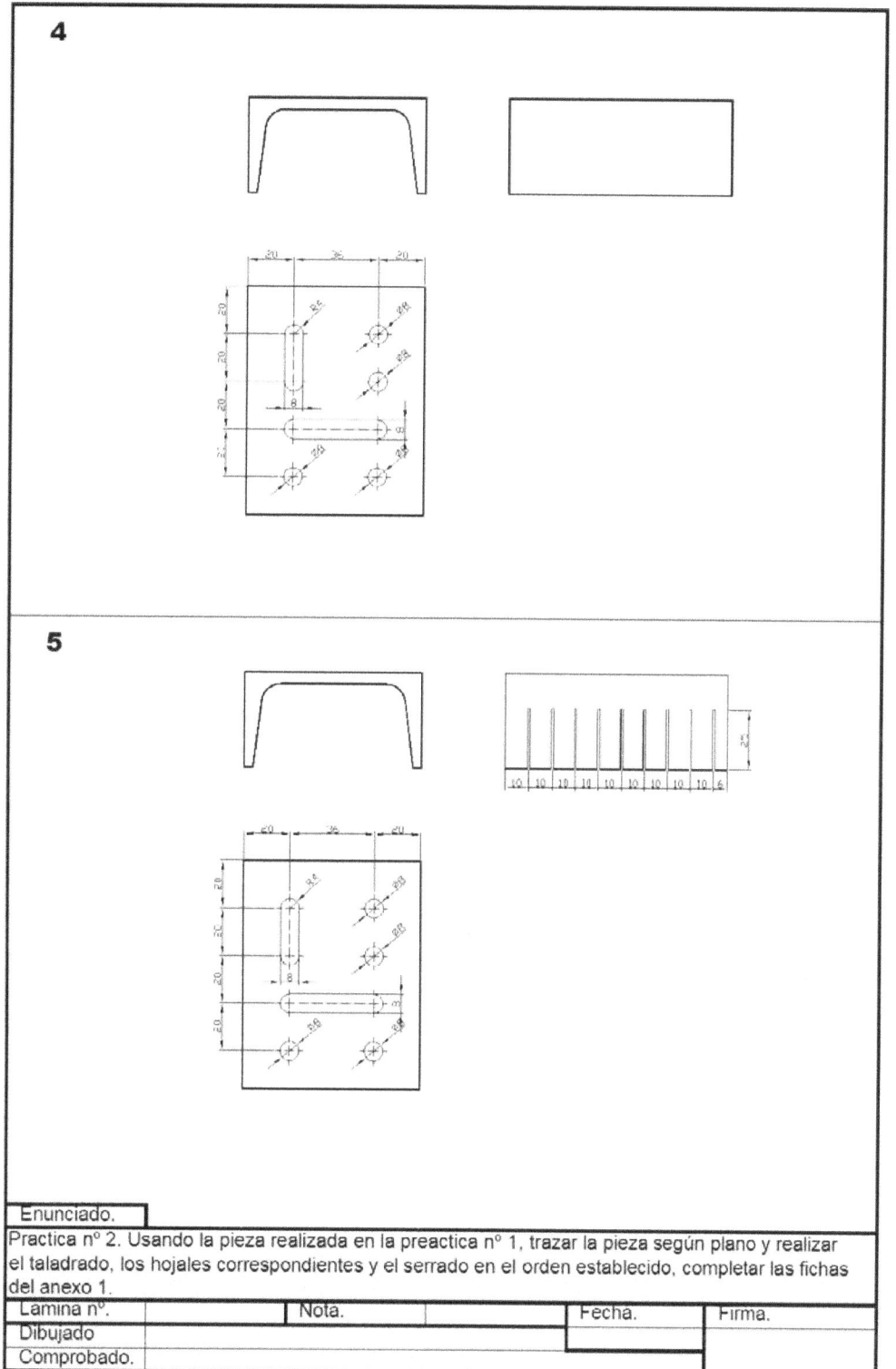

Enunciado.

Practica nº 2. Usando la pieza realizada en la preactica nº 1, trazar la pieza según plano y realizar el taladrado, los hojales correspondientes y el serrado en el orden establecido, completar las fichas del anexo 1.

Lamina nº.		Nota.		Fecha.	Firma.
Dibujado					
Comprobado.					

243

U.D. 9 PROCEDIMIENTOS OPERATORIOS DE UNIONES NO SOLDADAS

UD 9

ÍNDICE

INTRODUCCIÓN

La mayor parte de los elementos, instalaciones y máquinas que conocemos están compuestas por la unión de varias piezas que forman un conjunto y su unión es necesaria para poder cumplir con la función para la que están diseñadas.

Su unión puede ser soldada o no; en esta unidad estudiaremos las uniones no soldadas, que dividiremos en dos grandes grupos:

Uniones desmontables, que permiten separar las piezas fácilmente sin necesidad de romper ningún elemento de la misma.

Uniones fijas, realizadas en piezas o elementos en los que no está previsto el desmontaje del conjunto a lo largo de su vida útil, en los que la unión resulta más fiable, por exigencias técnicas del diseño. En estos casos necesitaremos romper alguna parte para poder separar las piezas.

En la tabla siguiente realizaremos una clasificación de los tipos de uniones más utilizadas.

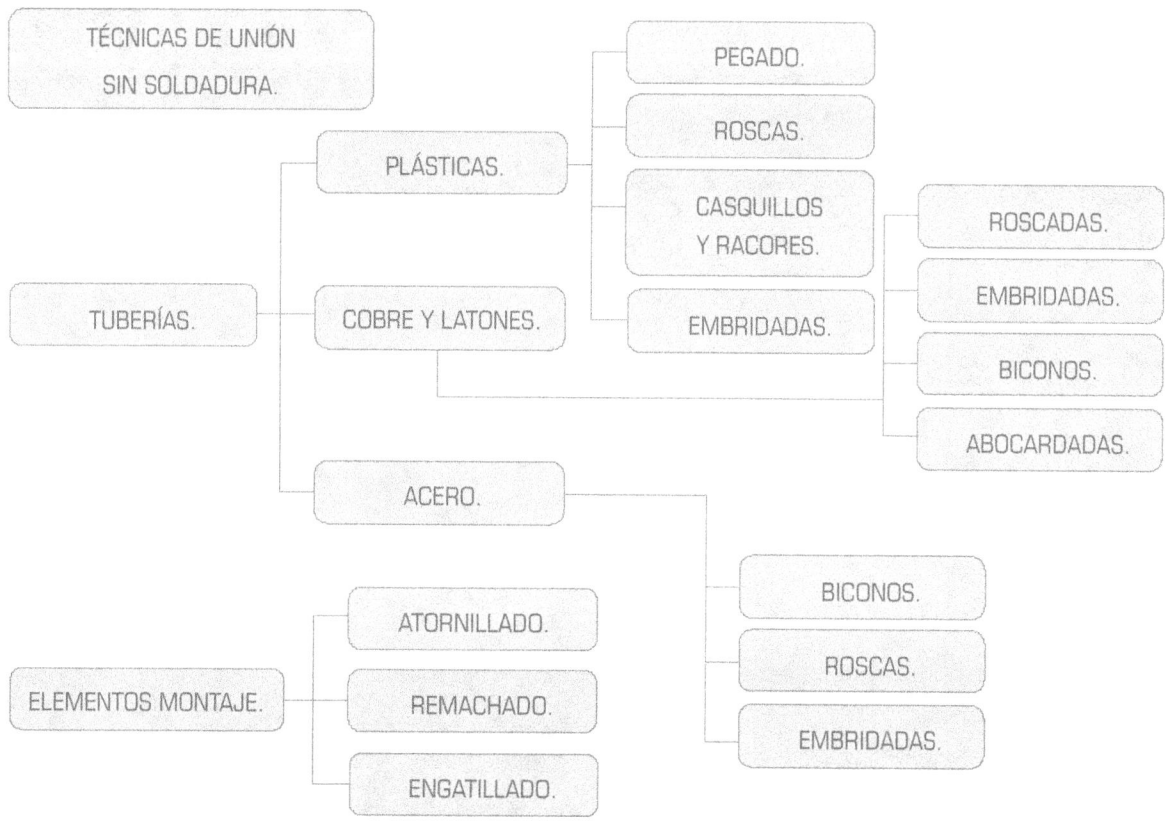

OBJETIVOS

- Aprender las distintas técnicas de unión desmontables en las instalaciones de fluidos y construcción de maquinaria.

- Conocer las características más importantes de los diferentes sistemas de unión.

- Elegir el método más adecuado para realizar uniones y ensamblajes.

- Identificar los tornillos por su resistencia a la tracción.

- Entender qué es el par de apriete de un tornillo.

1. UNIONES DESMONTABLES

1.1. Atornillado

La composición de una unión roscada siempre consta de un tornillo y una tuerca. Su uso está presente en la inmensa mayoría de máquinas y elementos de unión, siendo las formas utilizadas y los tamaños muy variados, con objeto de cubrir todas las necesidades existentes.

La unión atornillada se usa en soluciones que no han de tener una especial rigidez o porque han de ser desmontada en repetidas ocasiones.

Sus principales características son:

- Facilidad en el desmontaje.

- Localización de la zona de unión por su aspecto fácilmente reconocible.

- Posibilidad de unir distintos materiales.

- Buen comportamiento a distintas temperaturas.

- No necesita preparar las superficies a unir.

- No necesitan de útiles o herramientas especializadas para realizar las uniones.

- Altas concentraciones de tensiones en las zonas en que están las tuercas o tornillos.

- Sistema de unión relativamente lento.

Los elementos que intervienen en este tipo de unión son:

- Tornillos.

- Espárragos.

- Tuercas.

- Arandelas.

Figura 1. Tornillos, tuercas, espárragos y arandelas.

Hay muchos tipos de tornillos, la gran mayoría normalizados (con dimensiones estandar reguladas en una norma), la variación que hay de unos a otros está en el tipo de rosca, la forma interior de la cabeza, la forma exterior y en la función que desempeñan.

Enumeramos algunos tipos de tornillos y las normas DIN que los definen:

Tornillos hexagonales

DIN–931   Tornillo cabeza hexagonal, rosca parcial

DIN–933   Tornillo cabeza hexagonal, rosca total

DIN–960   Tornillo cabeza hexagonal, rosca parcial, paso fino
DIN–961   Tornillo cabeza hexagonal, rosca total, paso fino

DIN–6914   Tornillo cabeza hexagonal para estructura

DIN–6921   Tornillo cabeza hexagonal con base (con y sin grafilado)

DIN–571   Tirafondo para madera cabeza hexagonal

Tornillos allen

DIN–912   Tornillo cabeza redonda con hexágono interior

DIN–913   Espárrago roscado con hexágono interior

DIN–914   Espárrago roscado con hexágono interior

DIN–915   Espárrago roscado con hexágono interior

DIN–916   Espárrago roscado con hexágono interior

DIN–6912   Tornillo cabeza redonda, baja, con hexágono interior y guía de llave

ISO–7380   Tornillo cabeza abombada con hexágono interior

250

DIN–7984	Tornillo cabeza redonda y baja con hexágono interior
ISO–7380/A	Tornillo cabeza abombada con hexágono interior y arandela
DIN–7991	Tornillo cabeza avellanada y plana con hexágono interior
DIN–7971	Tornillo cabeza cilíndrica
DIN–7972	Tornillo cabeza avellanada
DIN–7973	Tornillo cabeza gota sebo

Lo mismo ocurre con las tuercas, las hay de diversas formas y cumpliendo utilidades diversas:

DIN–557	Tuerca cuadrada
DIN–934	Tuerca hexagonal
DIN–935	Tuerca hexagonal almenada
DIN–936	Tuerca hexagonal baja
DIN–937	Tuerca hexagonal almenada baja
DIN–980V	Tuerca hexagonal cónica autoblocante
DIN–982	Tuerca hexagonal autoblocante
DIN–985	Tuerca hexagonal autoblocante baja
DIN–928	Tuerca soldable cuadrada
DIN–929	Tuerca soldable hexagonal
DIN–1587	Tuerca hexagonal ciega
DIN–6915	Tuerca hexagonal HV
DIN–6923	Tuerca hexagonal con base cilíndrica (con y sin grafilado)
DIN–6927	Tuerca autoblocante (por deformación metálica) con Valona

Las arandelas van montadas debajo de los tornillos y tuercas para ofrecer más fuerza de sujeción o inmovilización de las piezas roscadas, así como minimizar las vibraciones o fugas, como hacen las de fibra.

Las arandelas planas reparten la presión del tornillo, impidiendo que la cabeza perfore la pieza.

Las arandelas elásticas de seguridad incluyen las de tipo grower, las dentadas, etc., e impiden que tornillos con bastante par de apriete se aflojen.

251

Algunas arandelas normalizadas son:

DIN–125	Arandela plana
DIN–9021	Arandela
DIN–127	Arandela grower ciega
DIN–6798AJ	Arandela dentada
DIN–433	Arandela
DIN–137A	Arandela elástica
NFE–25511	Arandela contact
DIN–6799	Arandela seguridad

Los espárragos son tornillos sin cabeza que van roscados en un extremo o en los dos. Se emplean en usos específicos como son las uniones que tienen que estar acopladas y sin movimiento.

Las roscas

Una rosca es un hueco helicoidal construido sobre una superficie cilíndrica, con un perfil determinado y de una manera continua y uniforme, producido al girar dicha superficie sobre su eje y desplazarse una cuchilla paralelamente al mismo.

Este tipo de mecanizado es característico de los dispositivos de sujeción, tales como: tornillos, espárragos, pernos de anclaje, tuercas, etc.

Elementos y dimensiones fundamentales de las roscas

Hilo o filete:

Superficie prismática en forma de hélice constitutiva de la rosca.

Flancos:

Caras laterales de los filetes.

Cresta:

Unión de los flancos por la parte exterior.

Fondo:

Unión de los flancos por la parte interior.

Vano:

Espacio vacío entre dos flancos consecutivos.

Núcleo:

Volumen ideal sobre el que se encuentra la rosca.

Base:

Línea imaginaria donde el filete se apoya en el núcleo.

Diámetro Exterior (dext):

Diámetro mayor de la rosca.

Diámetro interior (dt):

Diámetro menor de la rosca.

Diámetro medio (dmed):

Aquel que da lugar a un ancho de filete igual al del vano.

Diámetro nominal (d):

Diámetro utilizado para identificar la rosca. Suele ser el diámetro mayor de la rosca.

Ángulo de flancos (a):

Ángulo que forman los flancos según un plano axial.

Profundidad o Altura (h):

Es la distancia entre la cresta y la base de la rosca.

Paso (p):

Distancia entre dos crestas consecutivas medida en dirección axial.

En roscas cuyas dimensiones se expresan en pulgadas, se suele indicar el paso por el número de hilos o filetes que entran en una pulgada de longitud. Así, por ejemplo, una rosca de paso 1/8", se dice que tiene un paso de 8 hilos por pulgada.

1" (25,4 mm).

Avance (a):

Distancia recorrida por la hélice en dirección axial al girar una vuelta completa (paso de la hélice); es decir, representa la distancia que avanza la tuerca al girar una vuelta completa en el tornillo.

Figura 2. Detalle de roscas.

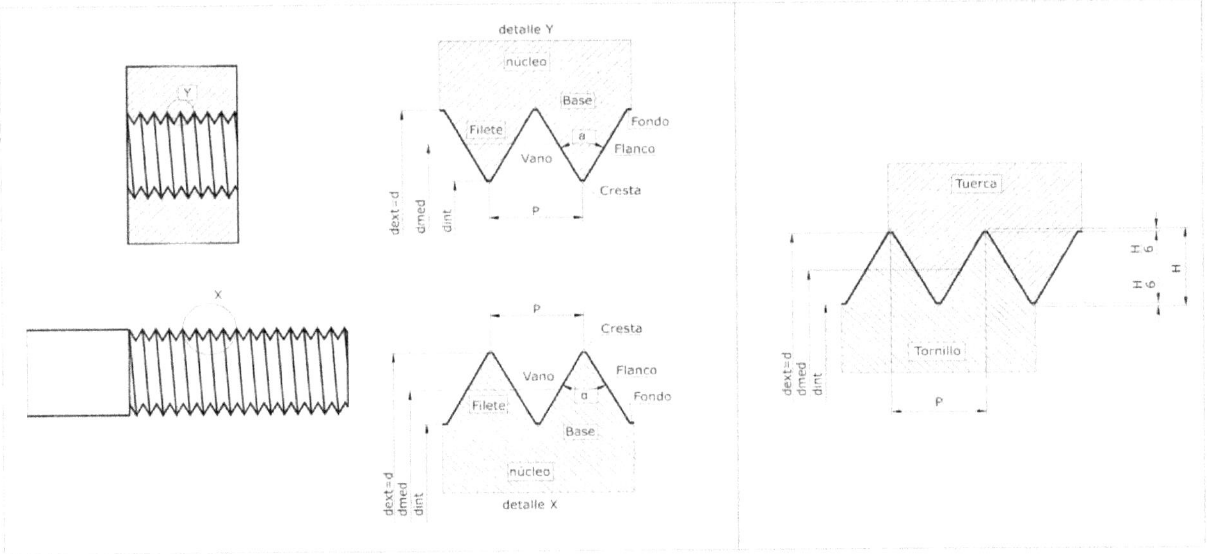

Clasificación de las roscas

Existen varios métodos de clasificación de las roscas atendiendo a sus propiedades:

Según la posición de la rosca.

Según la forma del filete.

Según el nº de filetes.

Según el sentido de la hélice.

Según la posición de la rosca.

Rosca exterior o tornillo: la rosca se talla sobre un cilindro exterior.

Rosca interior o tuerca: la rosca se talla sobre un cilindro interior (taladro).

Según la forma del filete.

Roscas triangulares:

Rosca Whitworth.

Rosca métrica.

Rosca de tubo blindado de acero.

Roscas trapeciales:

Rosca trapecial.

Rosca en diente de sierra.

Roscas redondas:

Rosca redonda.

Rosca eléctrica.

Según el número de filetes.

Rosca de una entrada: si tiene un solo hilo o filete; es el caso más habitual.

Rosca de varias entradas: si tiene varios hilos o filetes. Permite obtener grandes avances.

Según el sentido de avance de la hélice.

Rosca a derecha: la tuerca avanza al girarla en el sentido de las agujas del reloj; es el caso más habitual.

Rosca a izquierda: la tuerca avanza al girarla en el sentido contrario a las agujas del reloj.

La norma distingue muchos tipos de roscas entre los que destacamos los enumerados en la siguiente tabla (Si se desea, existe una tabla más extensa en el anexo de la presente unidad didáctica).

CLASE DE ROSCA	SIMBOLO	MEDIDAS A EXPRESAR	EJEMPLO	APLICACIONES
Métrica	M	Diámetro exterior de la rosca en mm.	M 6	Uso general en todo tipo de elementos de unión roscados (tornillos, tuercas, espárragos, etc).
Métrica fina	M	Diámetro exterior de la rosca en mm. x paso en mm.	M 6x0,25	Roscado de tubos de paredes delgadas, tornillos para aparatos de precisión, tuercas de pequeña longitud.
Whitworth		Diámetro exterior de la rosca en pulgadas	2'	Idem rosca métrica en los paises anglosajones.
Whitworth fina	W	Diámetro exterior de la rosca en mm. x paso en pulgadas	W 19x1112'	Idem rosca métrica fina en los paises anglosajones.
Whitworth de gas	G	Diámetro nominal del tubo en pulgadas	G '	Uniones roscadas de tubos para conducciones de gases o fluidos.
Whitworth de gas cónica	R	Diámetro nominal del tubo en pulgadas	R 3/4'	Uniones roscadas de tubos para conducciones de gases o fluidos con una buena estanquidad (válvulas de recipientes a presión, etc).
Tubo blindado de acero	Pg	Diámetro nominal del tubo en mm.	Pg 16	Uniones roscadas de tubos para conducciones eléctricas.
Trapecial	Tr	Diámetro exterior de la rosca en mm. x paso en mm.	Tr 10x3	Transmisión de grandes esfuerzos (husillos de guía y transporte, etc).
Diente de sierra	S	Diámetro exterior de la rosca en mm. x paso en mm.	S 22x5	Transmisión de grandes esfuerzos axiales en un sentido (husillos de prensas, pinzas de torno, etc).
Redonda	Rd	Diámetro exterior de la rosca en mm. x paso en pulgadas	Rd 20x1/8'	Transmisión de esfuerzos en ambos sentidos en condiciones desfavorables (golpes, suciedad, etc).
Eléctrica (Edison)	E	diámetro exterior de la rosca en mm.	E 16	eléctricos (portalámparas, casquillos de conexión de lámparas,

1.2. Engatillado

Las uniones engatilladas se utilizan en elementos compuestos por chapa; el engatillado consiste en darle un pliegue o solución plegada en el lateral o final del tubo de forma que se pueda empalmar con otra chapa o tubo solo o mediante la utilización de una tercera pieza.

Se usa en tubos de ventilación, chimeneas, cubiertas de tejados, cerramientos de chapa, etc.; normalmente las piezas vienen preparadas de fábrica, pero muy a menudo se realiza el pliegue in situ.

Figura 3. Uniones engatilladas.

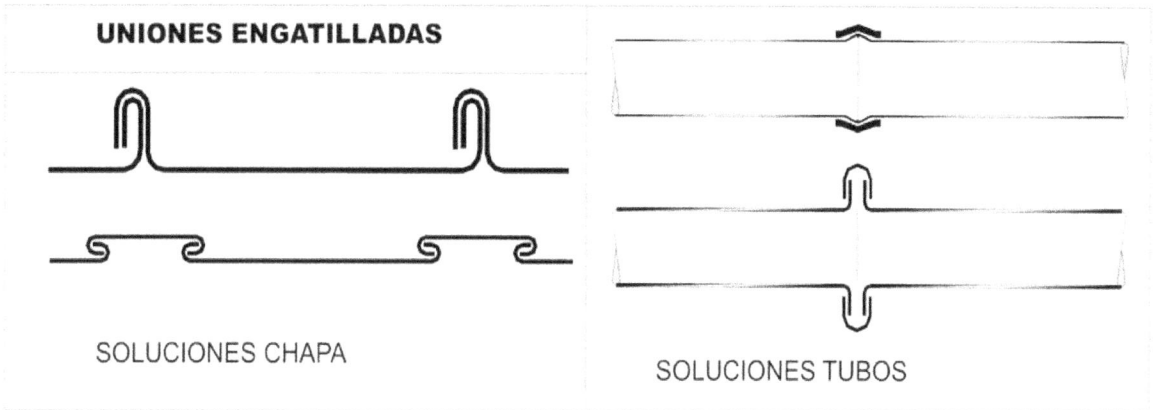

2. UNIONES FIJAS

Se llaman uniones fijas a aquellas que no se pueden desmontar, o que para desmontarlas se necesita romper alguna pieza; se suelen realizar en piezas que no se está previsto que se desmonten a lo largo de la vida útil de la pieza o del conjunto, o que por condiciones de diseño se requiere así.

2.1. Remachado

Es un elemento cuya función es la de unir, de forma permanente o fija, dos o más piezas. Está formado por una cabeza y un vástago.

Aunque está muy extendido el uso del remache como medio de fijación de piezas, hay técnicas de remachado que han sido sustituidas por la soldadura, por economía y facilidad de proceso. Ha caído en desuso en aplicaciones como estructuras metálicas y fabricación de calderas en los que su aplicación se realizaba en caliente, obligando al operario a trabajar en condiciones difíciles y molestas.

Los remaches de diámetro inferior a 10 mm. que se aplican en frío siguen siendo un método de unión muy extendido, sus uniones no resultan estancas y los esfuerzos que soportan no son elevados.

Las longitudes del cosido no deben ser mayores a 4 ó 5 veces el diámetro del agujero.

Figura 4. Remachadora Manual.   Figura 5. Remaches de aluminio.

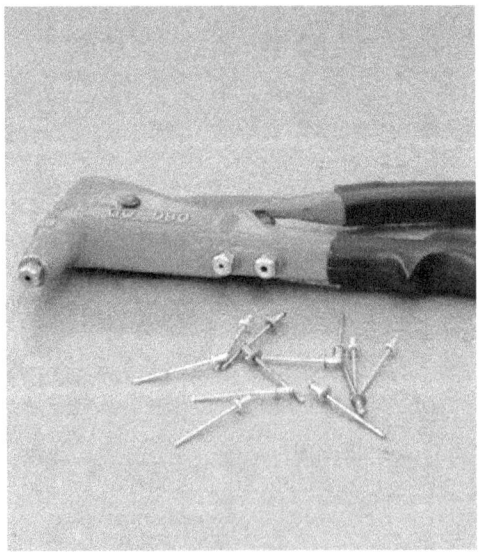

Figura 6. Remache cabeza plana.

CABEZA   VÁSTAGO

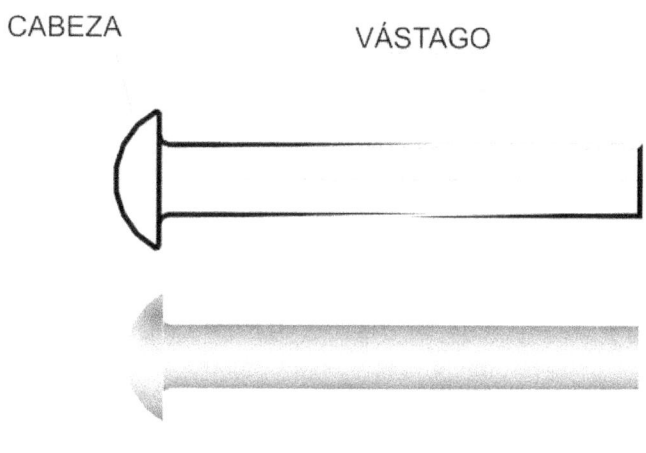

2.2. Pegado

La unión de elementos con adhesivos es una de las formas más antiguas de unir materiales, pero en el transcurso de los últimos 50 años el desarrollo tecnológico ha creado pegamentos muy sofisticados y de aplicaciones muy interesantes.

Consiste en la unión de dos superficies colocando entre ambas, en la zona de contacto, un material que llamaremos junta y tiene la propiedad de adherirse a las piezas formando un bloque de unión entre las dos piezas y el material adhesivo

Su desarrollo ha llegado hasta el ámbito industrial: construcción, mecánica, transporte, obra civil, instalaciones, etc.

Podemos definir como adhesividad la capacidad de una sustancia para mantener juntos dos elementos, que tienen un contacto en su superficie.

A diferencia de las uniones remachadas, soldadas y atornilladas, la superficie de contacto es más amplia y reparte las tensiones en mayor superficie creando menos tensiones puntuales en las piezas pegadas.

Para conseguir un resultado aceptable en el proceso de pegado debemos estudiar las superficies a pegar, observando con especial atención los siguientes factores:

Características de los materiales que formarán la unión.

La industria ha desarrollado numerosos adhesivos para cada aplicación, en la que se tendrá que tener en cuenta el tipo de material: metal, madera, plástico, aluminio, cobre, vidrio, cerámica, etc.

Los adhesivos pueden ser fraguados en caliente o en frío, también pueden ser de un componente o de dos.

259

En general, los adhesivos fraguados en caliente tienen mejores características técnicas que los fraguados en frío.

Naturaleza y forma de la junta.

Según sea la junta de unión entre dos elementos las solicitaciones mecánicas en la junta y la transmisión de esfuerzos serán diferentes y se requerirá una solución estudiada; los tipos de juntas más habituales son:

Figura 7.

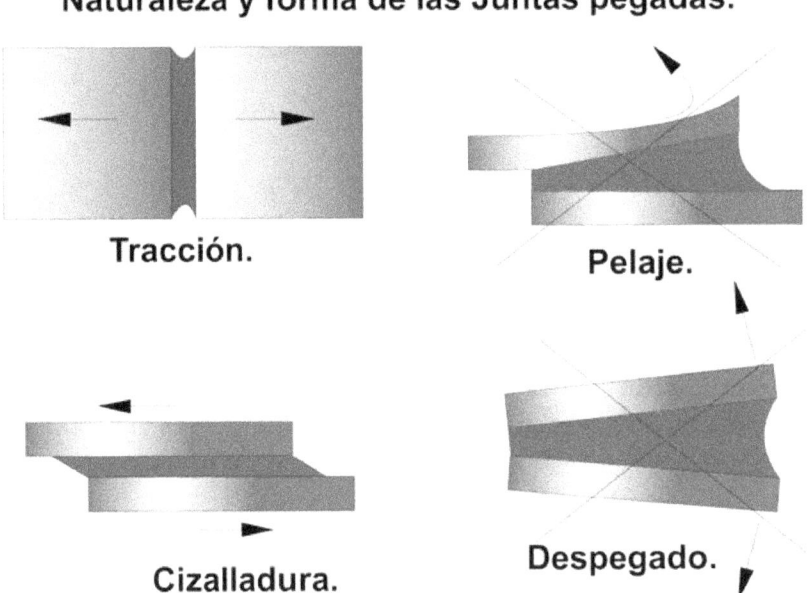

Naturaleza y forma de las Juntas pegadas.

Tracción.

Pelaje.

Cizalladura.

Despegado.

Se llama pelaje cuando uno de los dos materiales a unir es elástico, por lo que sólo una pequeña cantidad de adhesivo está trabajando; es una forma de trabajo que se debe evitar por considerarse defectuosa.

Lo mismo ocurre con la junta que trabaja por despegado, se produce el mismo efecto pero con piezas rígidas.

Juntas de

Figura 8.

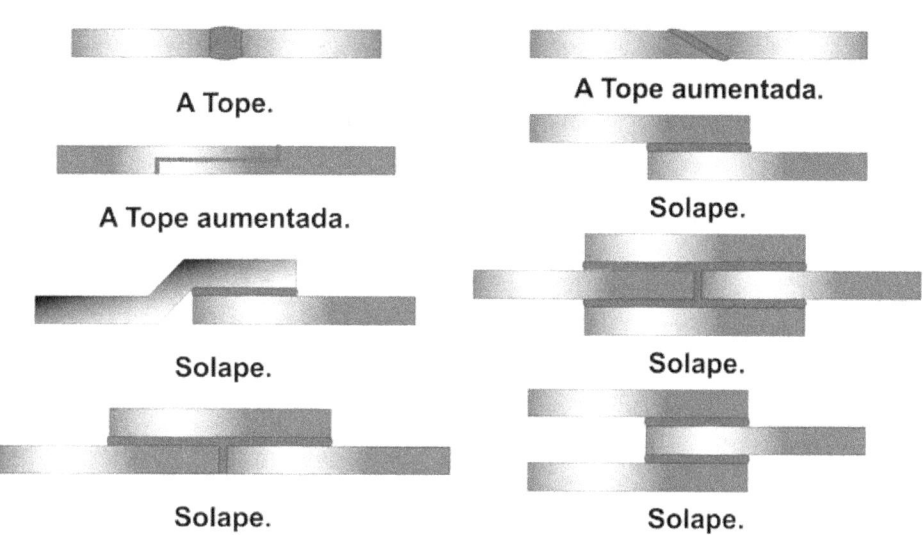

DIFERENTES TIPOS DE UNIONES PEGADAS.

A Tope.

A Tope aumentada.

A Tope aumentada.

Solape.

Solape.

Solape.

Solape.

Solape.

Solape.

Pegado de tuberías plásticas:

En el montaje de tuberías de PVC para saneamiento es muy habitual el empleo de pegamento de contacto para la solución de empalmes y uniones de piezas.

Las superficies de los tubos o piezas deben ser limpiadas cuidadosamente de polvo y grasa en las zonas donde se va a aplicar el adhesivo con trapos y limpiadores químicos fabricados para esa utilidad.

La superficie donde se aplicará el adhesivo, en ambos tubos, debe ser lijada, con lo que se conseguirá mejor agarre en las tuberías. Las dos superficies a pegar serán untadas con adhesivo con una brocha y una vez introducido un tubo en el otro se deberá girar un poco el tubo para lograr una mejor adhesividad.

Figura 9. Adhesivo para PVC.

Figura 10. Accesorios PVC.

3. UNIONES TÍPICAS NO SOLDADAS EN TUBERÍAS

Uniones roscadas

Uno de los sistemas de unión de tuberías es la unión roscada, en la que, como en todos los elementos roscados, necesitamos de un macho y una hembra. Los tubos siempre van roscados en su extremo con una rosca macho y los accesorios –codos, tes, reducciones, válvulas– pueden ser macho o hembra.

Las uniones roscadas en instalaciones de fluidos deben de ser estancas y se realiza una rosca especial llamada cónica (mirar tabla).

Figura 11.

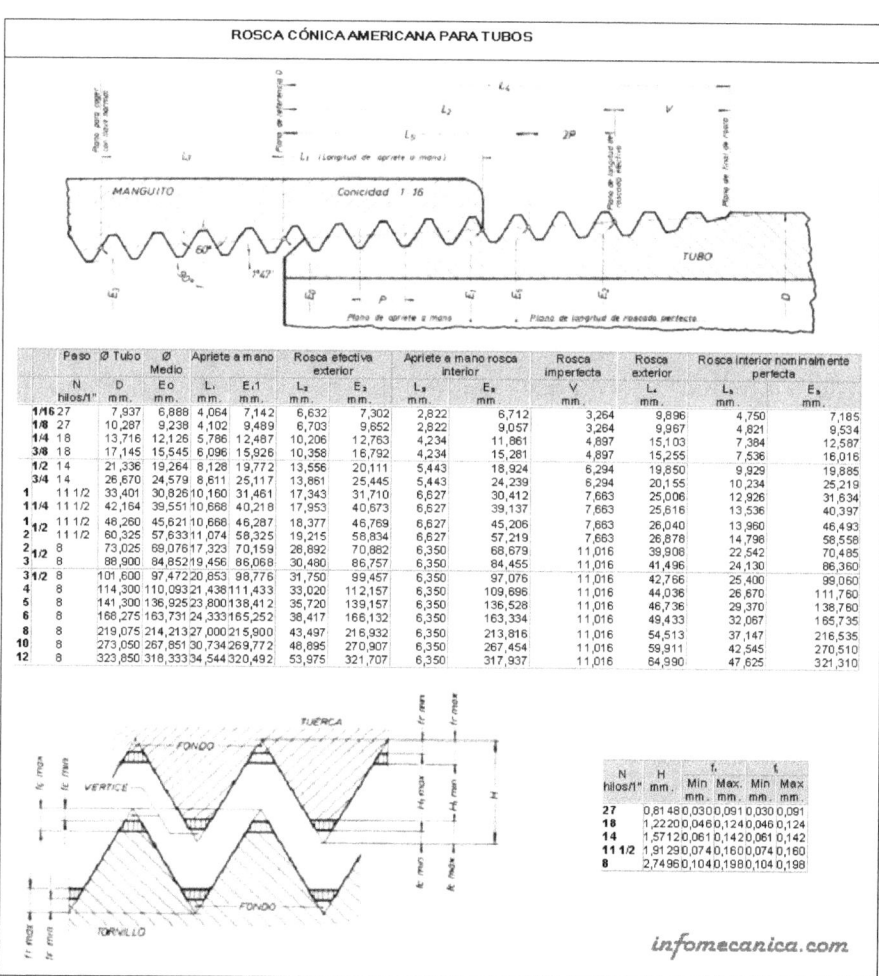

Figura 12.

ROSCA WHITWORTH UNE 19009 PARA UNIONES DE TUBERIAS CON ESTANQUIDAD EN LA ROSCA							
Diámetro nominal del tubo en pulgadas d_n	Número de hilos por pulgada z	Paso de la rosca p	Altura de la rosca h	Longitud de referencia L_1	Diámetro de referencia d	Diámetro medio d_2	Diámetro en el núcleo d_1
1/16	28	0,907	0,581	4,0	7,723	7,142	6,561
1/8	28	0,907	0,581	4,0	9,728	9,147	8,566
1/4	19	1,337	0,856	6,0	13,157	12,301	11,445
3/8	19	1,337	0,856	6,4	16,662	15,806	14,950
1/2	14	1,814	1,162	8,2	20,955	19,793	18,631
3/4	14	1,814	1,162	9,5	26,441	25,279	24,117
1	11	2,309	1,479	10,4	33,249	31,770	30,291
1 ¼	11	2,309	1,479	12,7	41,910	40,431	38,952
1 ½	11	2,309	1,479	12,7	47,803	46,324	44,845
2	11	2,309	1,479	15,9	59,614	58,135	56,656
2 ½	11	2,309	1,479	17,5	75,184	73,705	72,226
3	11	2,309	1,479	20,6	87,884	86,405	84,926
4	11	2,309	1,479	25,4	113,030	111,551	110,072
5	11	2,309	1,479	28,6	138,430	136,951	135,472
6	11	2,309	1,479	28,6	163,830	162,351	160,872

Las roscas por sí solas no son elementos estancos y entre los filetes de la rosca se introduce un material para completar la estanqueidad en la unión.

Tradicionalmente, y en instalaciones de agua, se introducen unos hilos de esparto seco siguiendo los filetes de la rosca, aglomerados con una pasta llamada denso. Cuando el agua humedece el esparto éste aumenta de volumen y sella todos los huecos que pudieran haber en las tuberías.

La cinta de teflón muy fina suministrada en forma de rollo rodea la parte macho de la junta antes de ser roscada, cuando se rosca llena los huecos y proporciona la estanqueidad.

Otra forma es con teflón líquido, que se aplica a la rosca macho justo antes de ser roscado y cuando se seca forma la estanqueidad.

Figura 13. Sellado hilo de teflón.   Figura 14. Mecha de estopa.

Figura 15.

 SALVADOR ESCODA S.A.®
Rosselló, 430 432
Tel. 93 446 27 80
Fax 93 456 90 32
08025 BARCELONA

CATÁLOGO TÉCNICO

25 SELLANTE A BASE DE PASTA DE PTFE (TEFLÓN)
SISEAL

Sellante líquido a base de PTFE (Teflón) para uniones de roscas de metal

☑ Ideal para sustituir el cáñamo o el rollo de teflón.

☑ Garantiza una perfecta junta, tanto en agua, gas, aire comprimido, etc.

☑ Resistente a las vibraciones y a cambios térmicos manteniendo sus propiedades sellantes en el campo de temperaturas de -55 a +150° C.

☑ La junta es instantánea a baja presión, garantiza también la facilidad de montaje.

SEGURIDAD Y MANIPULACIÓN

Posibilidad de ligera irritación por contacto prolongado con la piel e irritante a los ojos. Evitar dichos contactos. En caso de producirse lavar con agua y jabón.

  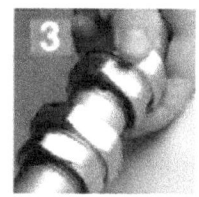

**SEGURIDAD
Y RAPIDEZ
DE MONTAJE**

DATOS TÉCNICOS

Composición	Resina metacrílica anaeróbica de PTFE
Color	Azul
Peso específico	1 gr/ml
Diámetro máximo de rosca	1-1/2"
Tolerancia máxima de junta	0,30 mm
Punto de inflamación	>100° C
Contenido de disolventes	Ninguno
Tiempo de manipulación	20 a 40 minutos
Tiempo de endurecimiento funcional	1 a 3 horas
Tiempo de endurecimiento final	5 a 10 horas
Resistencia a la temperatura	-55 a 150° C
Presentación	Tubos de 50 g y 100 g

VALVULERÍA AGUA, AIRE Y VAPOR

265

Uniones embridadas.

En las uniones desmontables de tuberías aparece un sistema de juntas de estanqueidad por bridas.

Una brida se podría definir como una chapa plana de un grosor considerable en forma de círculo con un agujero central para la tubería, y varios radiales para los tornillos, que soldada en el extremo de un tubo permite atornillarlo a otro que lleva otra brida, intercalando una junta entre ambas, para dar continuidad a la tubería de manera estanca.

La elección de la junta se realiza en función del fluido y la presión que transporta la tubería; resulta fundamental para mantener la estanqueidad el respetar el cambio de estos elementos, cuando sea necesario, por otros nuevos en las intervenciones de mantenimiento accidental o programado.

Las bridas pueden ser calculadas por el informe "Cálculo de juntas para bridas" de la Norma DIN 2505.

Los dos tipos de bridas más comúnmente utilizados en la instalación de fluidos son las bridas planas y las bridas de cuello, cuyas características y tornillos a seleccionar se pueden observar en los catálogos siguientes.

Figura 16.   Figura17.

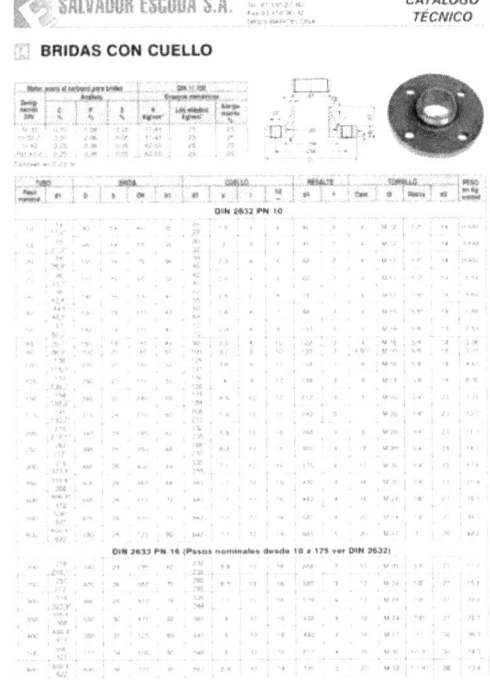

Figura 18.

Uniones mediante racores de junta plana

Este tipo de racores está formados por tres piezas: una contiene un alojamiento para la junta plana, la otra también tiene asiento plano y rosca macho y la tercera, que es una tuerca hexagonal que envuelve la primera, arrastrándola al roscar y presionándola sobre la segunda y realizando la estanqueidad con una junta plana entre los dos asientos planos.

Uniones mediante racores esfera cono

Son un tipo de racores en los que la estanqueidad está realizada por la unión de metal contra metal, constan de tres piezas: una terminada en forma esférica, la otra en forma de cono y una tercera que empuja la primera al roscar sobre la segunda, presionando e introduciendo la forma esférica en el cono. La estanqueidad se consigue por compresión de las piezas metálicas y no requiere de ningún tipo de junta.

Racores Ermeto

El sistema "Ermeto" consiste en la unión estanca de dos tubos entre sí, o entre tubo y accesorio, mediante interposición de un anillo especial.

El tubo calibrado a unir va dentro de una tuerca y el otro elemento, llamado incrustador, va roscado.

El tubo que lleva la tuerca y el anillo va introducido a tope en el incrustador; esta unión se realiza a mano y se aprieta finalmente con herramientas; cuando se realiza el apriete, el anillo deforma el tubo en todo su diámetro incrustándose en él.

Este anillo permite el giro del tubo pero no permite su desplazamiento.

Figura 19.

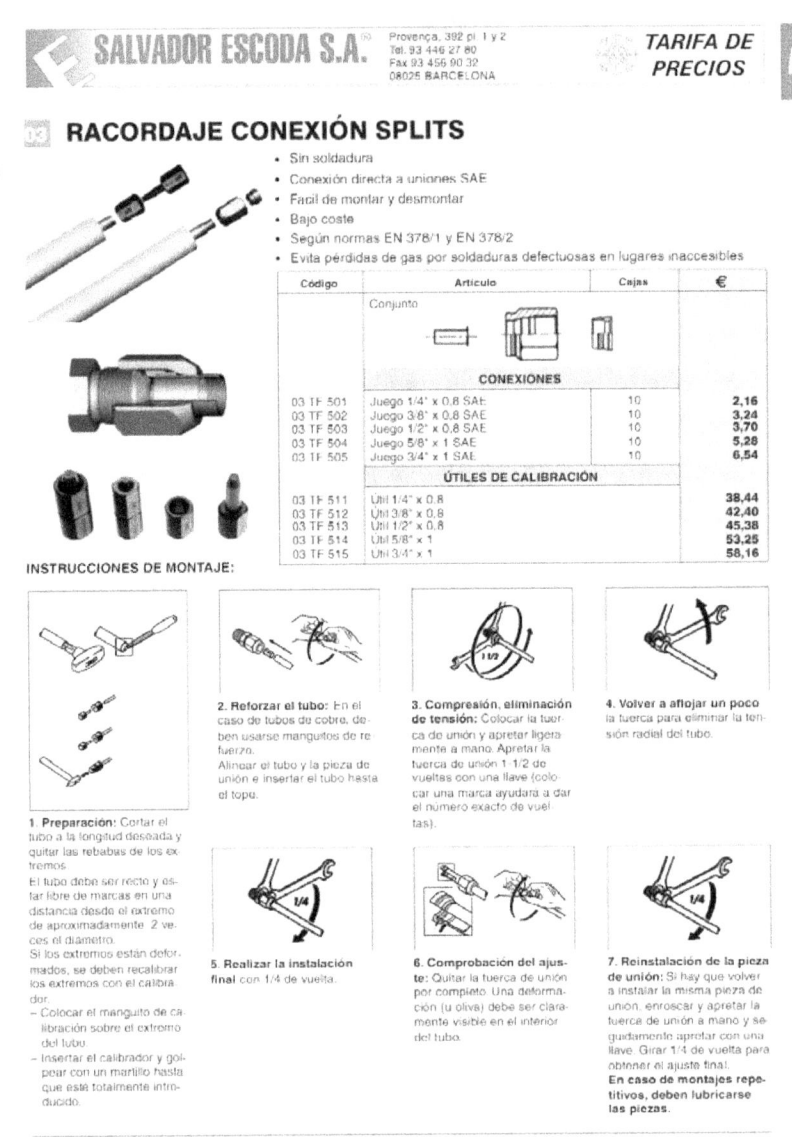

268

Sistema Pressfitting

Es un sistema rápido, eficaz y seguro para unión de tuberías y accesorios, mediante prensado, en acero inoxidable y acero al carbono galvanizado; usado en el campo civil, industrial y naval, evitando el proceso laborioso de soldar o roscar.

Es una solución actual para instalaciones en diámetros desde 15 mm hasta 108 mm. Este sistema permite un gran ahorro de tiempos de montaje, en comparación con otros sistemas convencionales.

Es necesario asegurar una correcta deformación de tubería y accesorio durante el prensado.

Para trabajar con este sistema hace falta:

- Accesorios.
- Tubos.
- Juntas tóricas.
- Máquinas para realizar el prensado.

Figura 20.

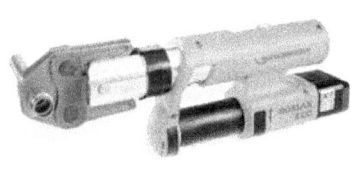

Figura 21.

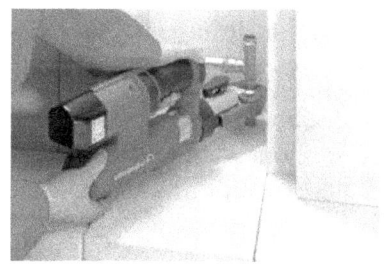

Figura 22.

Figura 23.

Uniones con accesorios ranurados

La unión de tuberías con accesorios ranurados es un sistema muy usado en instalaciones de protección contra incendios; resulta un montaje muy fiable y rápido.

En instalaciones en las que los trazados son largos, no existen grandes dilataciones térmicas y se requieren pocos accesorios, compite y gana a otros sistemas.

Elementos que constituyen un empalme para tubos ranurados.

Tubos con los extremos ranurados.

Es necesario que los extremos de los tubos estén mecanizados con una ranura normalizada para permitir que el bastidor del accesorio pueda introducirse en ella.

Bastidor flexible o rígido.

El bastidor del acoplamiento ranurado es una pieza realizada en fundición que se autocentra alrededor de la tubería. El bastidor envuelve y contiene la junta contra la aplicación de presión interna del sistema.

Las secciones acuñadas del bastidor se acomodan y acoplan dentro de las ranuras de los extremos de la tubería y alrededor de la circunferencia completa de la tubería, evitando, por lo tanto, la separación de los extremos debido a la presión interna.

El diseño de los acoplamientos flexibles proporciona espacios libres entre las secciones acuñadas del bastidor y las ranuras de la tubería, permitiendo el desplazamiento angular y longitudinal de la tubería.

Los acoplamientos rígidos muerden la tubería y fijan la unión en posición.

También mantienen la continuidad eléctrica, ya que las mordeduras en costado de la ranura crean puntos de contacto eléctrico.

Pernos y tuercas.

Los pernos de cabeza ranurada con cuello ovalado sirven para sujetar los segmentos del bastidor entre sí. El diseño del cuello ovalado evita que el perno gire al apretar la tuerca hexagonal con una sola llave de apriete.

Juntas.

Tienen forma de "C", proporcionan un sello sensible a la presión y hermético en aplicaciones de presión y vacío sin la necesidad de usar fuerzas externas. Los rebordes de la junta están moldeados de tal forma que al instalarse sobre los extremos de la tubería proporcionen compresión contra la superficie de la tubería para lograr un sello hermético.

Figura 24.

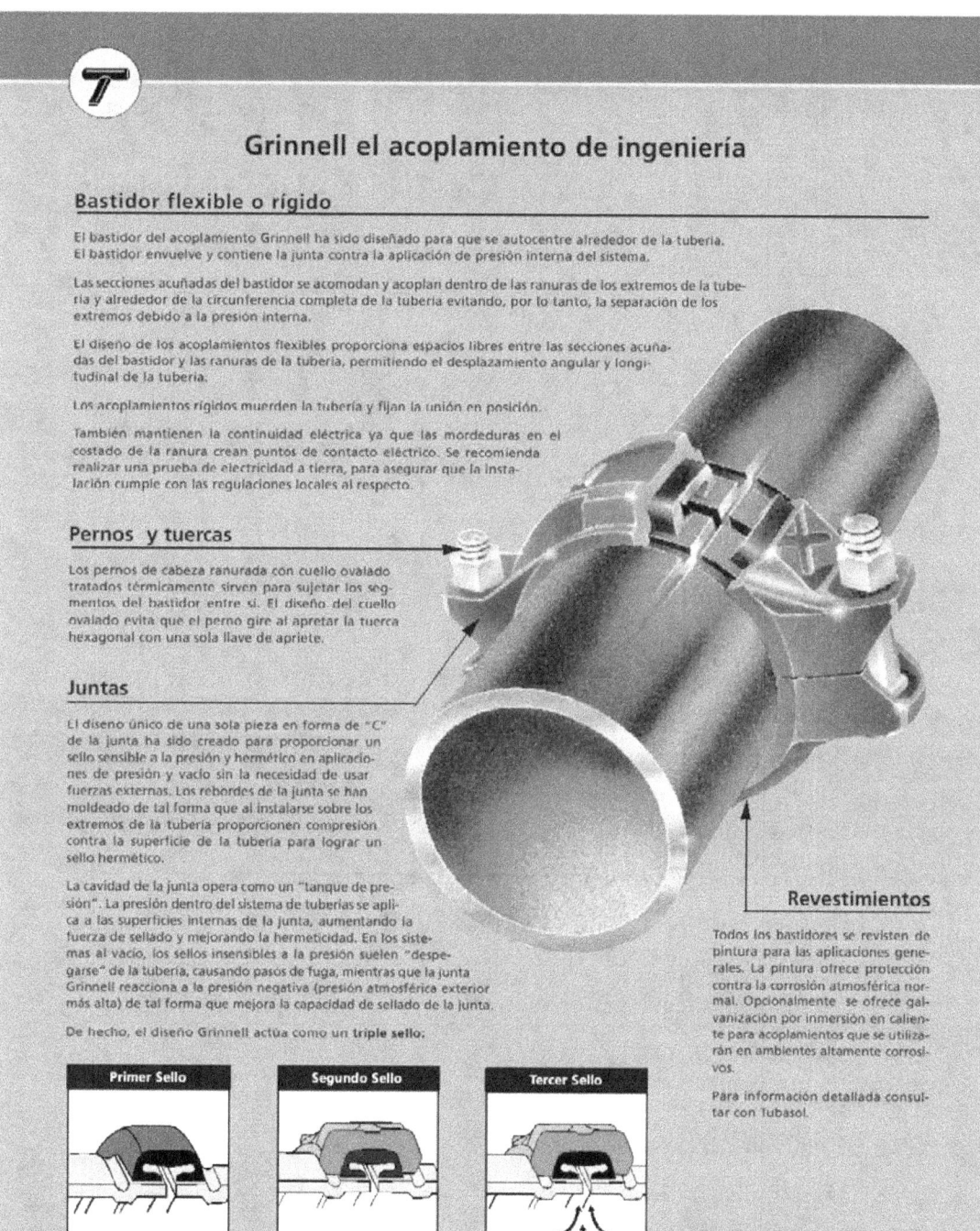

Grinnell el acoplamiento de ingeniería

Bastidor flexible o rígido

El bastidor del acoplamiento Grinnell ha sido diseñado para que se autocentre alrededor de la tubería. El bastidor envuelve y contiene la junta contra la aplicación de presión interna del sistema.

Las secciones acuñadas del bastidor se acomodan y acoplan dentro de las ranuras de los extremos de la tubería y alrededor de la circunferencia completa de la tubería evitando, por lo tanto, la separación de los extremos debido a la presión interna.

El diseño de los acoplamientos flexibles proporciona espacios libres entre las secciones acuñadas del bastidor y las ranuras de la tubería, permitiendo el desplazamiento angular y longitudinal de la tubería.

Los acoplamientos rígidos muerden la tubería y fijan la unión en posición.

También mantienen la continuidad eléctrica ya que las mordeduras en el costado de la ranura crean puntos de contacto eléctrico. Se recomienda realizar una prueba de electricidad a tierra, para asegurar que la instalación cumple con las regulaciones locales al respecto.

Pernos y tuercas

Los pernos de cabeza ranurada con cuello ovalado tratados térmicamente sirven para sujetar los segmentos del bastidor entre sí. El diseño del cuello ovalado evita que el perno gire al apretar la tuerca hexagonal con una sola llave de apriete.

Juntas

El diseño único de una sola pieza en forma de "C" de la junta ha sido creado para proporcionar un sello sensible a la presión y hermético en aplicaciones de presión y vacío sin la necesidad de usar fuerzas externas. Los rebordes de la junta se han moldeado de tal forma que al instalarse sobre los extremos de la tubería proporcionen compresión contra la superficie de la tubería para lograr un sello hermético.

La cavidad de la junta opera como un "tanque de presión". La presión dentro del sistema de tuberías se aplica a las superficies internas de la junta, aumentando la fuerza de sellado y mejorando la hermeticidad. En los sistemas al vacío, los sellos insensibles a la presión suelen "despegarse" de la tubería, causando pasos de fuga, mientras que la junta Grinnell reacciona a la presión negativa (presión atmosférica exterior más alta) de tal forma que mejora la capacidad de sellado de la junta.

De hecho, el diseño Grinnell actúa como un **triple sello:**

Revestimientos

Todos los bastidores se revisten de pintura para las aplicaciones generales. La pintura ofrece protección contra la corrosión atmosférica normal. Opcionalmente se ofrece galvanización por inmersión en caliente para acoplamientos que se utilizarán en ambientes altamente corrosivos.

Para información detallada consultar con Tubasol.

Primer Sello	Segundo Sello	Tercer Sello
El perfil en C de la junta de goma produce un sello natural en los extremos del tubo.	El bastidor comprime la junta incrementando la capacidad de sello.	La presión ó el vacío incrementarán la hermeticidad del sello.

4. CAMPOS DE APLICACIÓN DE LOS DISTINTOS TIPOS DE UNIÓN

Si hacemos referencia a la conducción de fluidos, los campos de aplicación de cada sistema de unión varían en función de los fluidos.

Los factores que hay que tener en cuenta a la hora de elegir una solución son:

Fluido transportado:

Agua fría.

Agua caliente.

Agua sobrecalentada.

Vapor de agua.

Combustibles líquidos.

Gas natural.

Gases licuados del petróleo.

Productos químicos.

Aire comprimido.

Etc.

Temperatura de trabajo.

Salto térmico de la tubería.

Presión del fluido en el interior de la conducción.

La elección del tipo uniones y el material de las tuberías se realizarán atendiendo a los siguientes criterios:

- Limitaciones legales (normativas).

- Vida útil de la instalación.

- Económicas.

- Facilidad del montaje.

- Durabilidad de la instalación.

- Factores logísticos.

  - Acopio de materiales.

  - Repuestos de las instalaciones.

  - Medios necesarios en las reparaciones.

- Entrenamiento de los operarios.

RESUMEN

Los sistemas de unión son muchos, variados y constantemente van apareciendo nuevos sistemas; conviene al técnico y a las empresas estar formados en las nuevas técnicas de unión ya que representan una parte considerable del costo de la instalación y un factor importante de su calidad.

Las tuberías plásticas están siendo una revolución tecnológica; constantemente aparecen nuevos materiales y soluciones para su uso, pero las tuberías metálicas han sido y siguen siendo una buena solución, entre otras cosas porque hay más profesionales que están acostumbrados a las trabajan con ellas y los accesorios están más estandarizados.

CUESTIONARIO DE AUTOEVALUACIÓN

1. Elabora una tabla con los tipos de uniones no soldadas indicando las características, campo de aplicación y ventajas e inconvenientes de cada una de ellas.

2. Explica la diferencia entre una unión atornillada y una unión remachada, pon varios ejemplos indicándolo y justifica qué solución adoptarías en cada uno de ellos.

3. Elabora una tabla con los distintos tipos de cabeza de tornillos que existen indicando qué tipo de herramienta se usa para operar con cada uno.

4. Localiza cuatro soluciones de unión por engatillado y explica el proceso de unión de cada una de ellas.

5. Indica distintos tipos de tuberías que conoces y los tipos de unión no soldada más habituales en cada una de ellas.

U.D. 10 PROCEDIMIENTOS OPERATIVOS DE UNIÓN POR SOLDADURA

UD 10

ÍNDICE

276

3.3. Materiales de aportación según el material
que se va a soldar.

3.4. Preparación de las piezas que se van a soldar.

3.5. Técnicas de soldadura oxiacetilénica
sobre metales férricos.

3.6. Técnicas de soldadura oxiacetilénica
sobre aleaciones.

3.7. Técnicas de corte con soplete oxiacetilénico.

3.8. Normas de uso y seguridad exigibles en el proceso
de soldadura oxiacetilénica.

Resumen.

Anexo 1.

Anexo 2.

Cuestionario de autoevaluación.

INTRODUCCIÓN

Soldadura es la técnica o procedimiento que se emplea para unir dos a más piezas; para ello se emplea el calor. Dependiendo de la técnica de soldadura el calor es empleado para fundir las piezas a soldar, el material de aporte a la soldadura o ambos cosas a la vez.

Existen procesos de soldadura en frío: mediante componentes químicos (adhesivos) se logran mezclas que son capaces de unir dos materiales de la misma naturaleza (por ejemplo, plásticos) o de naturaleza distinta (plásticos con metales).

El calor necesario para la soldadura puede ser generado por varias fuentes, dependiendo de la técnica de soldadura a emplear: electricidad por arco eléctrico o por efecto joule y por la combustión de un gas con la aportación de combustible y comburente o la sola aportación del combustible.

En esta unidad estudiaremos los tipos de soldaduras con aporte de calor más usados en la industria: soldadura blanda, fuerte, por arco eléctrico, de tipo TIG, MIG, MAG y la oxiacetilénica.

OBJETIVOS

1º Aprender los distintos métodos de unión empleando soldadura blanda por capilaridad, soldadura blanda de materiales plásticos, soldadura fuerte, oxiacetilénica, soldadura eléctrica, eléctrica con electrodo revestido, soldadura TIG, y soldadura MIG/MAG.

2º Conocer los equipos que se emplean para soldar con los métodos anteriores.

3º Identificar los elementos que componen los equipos y saber para qué sirven.

4º Aprender a regular los parámetros adecuados para cada soldadura con los distintos equipos.

5º Seleccionar los electrodos revestidos adecuados, para cada tipo de material y soldadura que se realice.

6º Distinguir los distintos tipos de soldeo y elegir el tipo de soldadura más adecuada para cada material y situación.

7º Conocer los defectos más importantes de las soldaduras y los remedios para evitarlos.

8º Realizar correctamente soldaduras con los distintos métodos enunciados.

9º Conocer y emplear las medidas de seguridad e higiene en las soldaduras.

1. SOLDADURA BLANDA

1.1. Concepto de soldadura blanda. Aplicación sobre distintos materiales

La soldadura blanda por **capilaridad** consiste en la unión de dos piezas que encajan perfectamente una en la otra, utilizando otro metal de aportación que funde a una temperatura menor que las piezas a unir. Al enfriar, esta unión será capaz de resistir a todos los movimientos de alargamiento, torsión y doblado, sin que se produzca alteración de dicha unión con el tiempo y bajo las condiciones para las cuales se ha efectuado la soldadura (presión, temperatura, etc.).

El metal de aportación, que está en estado líquido, corre por las paredes de contacto de las dos piezas encajadas por el efecto de capilaridad, y cuando se deja enfriar ha cubierto los mínimos huecos que pudiera haber entre las piezas encajadas.

Para que el metal de aportación fluya con facilidad por entre las piezas a soldar es necesario que éstas estén completamente limpias y desengrasadas, operación que se realiza físicamente lijando y limpiando el material, y químicamente, aplicando un gel llamado decapante.

Este tipo de soldadura está muy extendida en las instalaciones de fontanería, calefacción y climatización, generalmente en las conducciones de fluidos a temperaturas y presiones moderadas.

Es lógico pensar que si el punto de fusión del material de aportación es bajo, el elemento que esté soldado no debería trabajar a temperaturas elevadas, ya que si se funde o se acerca al punto de fusión del material de aporte la soldadura perdería toda su resistencia.

1.2. Tipos de soldadura blanda

La soldadura blanda por **fusión** consiste en la unión de dos piezas, generalmente tubos de plomo, fundiendo el material de las dos piezas para unirlas; una vez fundida la zona de contacto de las dos piezas, éstas se mezclan y al enfriar forman una sola pieza.

La soldadura blanda por **fusión y aporte** de material metálico es la misma técnica que la anterior pero añadiendo material del mismo tipo del que estamos soldando.

Los dos tipos de soldadura anteriores se comentan a modo de información; en adelante no se estudiarán, por ser una técnica casi en desuso actualmente, porque las tuberías de plomo no se instalan en obra nueva e

280

instalaciones y en raras ocasiones nos encontraremos con reparaciones en instalaciones muy antiguas.

La soldadura blanda por **capilaridad** une dos piezas calentándolas y añadiendo un material de aporte con punto de fusión más bajo en estado líquido, que al enfriarse y solidificar hará de nexo de unión entre las dos piezas.

Soldadura por **termofusión**: une dos piezas de material plástico, que al ser puestas en contacto con un material a temperatura superior a la de fusión, se funde la zona de soldadura de las piezas a soldar y puestas en contacto se mezclan y forman una sola pieza.

Soldadura por **electrofusión**: utiliza manguitos electrosoldables, que son piezas de plástico que llevan una resistencia eléctrica incorporada en la zona de contacto de las piezas a soldar; al hacer pasar una corriente eléctrica por ellas se calientan y por efecto joule se provoca la fusión y soldadura de las piezas.

1.3. Simbología utilizada en las técnicas de soldadura blanda

Las indicaciones que se deben realizar en la soldadura por capilaridad blanda son:

- Accesorios a utilizar.

- Tipo de aleación aplicable a la soldadura.

- Diámetro de la tubería y del accesorio.

- Tipo accesorio (curva, te, reducción, etc.).

- Material del accesorio (latón, cobre, etc.).

1.4. Materiales de aportación según el material que se quiere soldar

El material de aportación depende del tipo de soldadura a realizar, incluso hay técnicas de soldadura blanda que no requieren aporte de material, y para distinguirlo vamos a dividir las distintas posibilidades en los grupos de soldadura blanda a emplear.

En la soldadura de tuberías de polipropileno no se usa material de aportación y en las soldaduras por capilaridad sí.

El estaño puro funde a 232° C y el plomo puro a 327° C, pero la aleación de los dos metales a 40-60% funde a 190° C.

El estaño puro funde a 232° C y el plomo puro a 327° C, pero la aleación de los dos metales a 40-60% funde a 190° C.

La elección de la aleación para soldar cobre

El cobre es un metal importante en la construcción debido a sus muchas propiedades: manejabilidad y resistencia a la corrosión medioambiental. Para su soldadura es importante escoger una aleación con el punto de fusión lo más bajo posible, pero cumpliendo las condiciones para las cuales haya sido elegido. La razón es que el cobre pierde su dureza a temperaturas altas, perdiendo parte de sus cualidades características. Por ello, siempre que se pueda escoger, es preferible una soldadura blanda que una fuerte. En el caso de diámetros de tubo superiores a 50 m/m o de gran longitud, debe emplearse soldadura fuerte y también debe emplearse este tipo de soldadura cuando la temperatura de trabajo alcance los 110° C. En todos los casos deben evitarse temperaturas innecesariamente altas, así como un tiempo de aplicación de calor excesivo.

En la soldadura blanda de cobre, con aleaciones de estaño, encontramos a 20° C una tensión de rotura de 5Kgs/mm^2, mientras que la esperada para una soldadura fuerte es de 25Kg/mm^2.

La elección de la aleación es muy importante, pues los valores de rotura de la unión varían de forma sustancial en función de su contenido. Veamos dos casos extremos: para una aleación estaño/plomo a 90° C tendremos un valor de rotura de la mitad de la que tenía a 20° C, mientras que para una aleación de estaño/plata (5%), a 100° C tendrá un valor de rotura de 6Kg/mm^2. Esto quiere decir que si durante su función la aleación no va a tener que soportar temperaturas altas, se podría escoger una aleación de estaño-plomo, pero si la temperatura va a ser alta, este tipo de aleación no va a ser adecuada.

Aleaciones para la soldadura blanda de metales cúpricos y
no cúpricos con aleaciones de estaño.

Aleaciones de estaño con	Con	Margen de fusión	Forma comercial
Plata	3,5%	221°-222°C	Carrete de hilo 2 mm.
Plata	6%	221°-235°C	Carrete de hilo 2 mm.
Cobre	3%	221°-230°C	Carrete de hilo 2 mm.
Plomo	33%	183°-249°C	Carrete de hilo 3 mm. y barra de 5 mm.
Plomo	50%	183°-216°C	Carrete de hilo 3 mm. y barra de 5 mm

Aleaciones estaño-plata

De entre las aleaciones con Norma UNE 37-403-86 de estaño-plata, cabe resaltar la SnAg3,5, con 3,5% de plata y con un punto eutéctico de fusión de 221° C, y la SnAg5 con 5% de plata, con una temperatura ligeramente superior.

Las ventajas del estaño-plata:

Esta soldadura tiene propiedades extraordinarias para las conducciones de agua caliente, tanto sanitarias como de calefacción. Con esta aleación la temperatura puede alcanzar los 175° C sin que se alteren sus propiedades. La utilización de esta aleación elimina el peligro que desarrollan los compuestos nocivos que contienen plomo. Su brillo duradero lo hace recomendable para unión en joyería e inoxidables.

La temperatura particularmente baja para soldar hace que esta aleación sea una alternativa interesante a la soldadura fuerte, tanto por su menor costo, como por su mayor facilidad de realizarla.

283

Los inconvenientes del estaño-plata:

El costo de esta aleación es sensiblemente mayor que el de las aleaciones estaño-plomo y estaño-cobre.

Recomendaciones de uso

Esta aleación está recomendada para:

- Instalaciones de calefacción central y conducciones de agua caliente, en las cuales las temperaturas sean altas y los cambios de éstas puedan producir contracciones bruscas en las soldaduras.

- Conducciones de uso alimentario y de agua potable.

Aleaciones estaño-cobre

De estas aleaciones sólo cabe resaltar la SnCu3, con 3% de cobre y con un punto eutéctico de fusión de 232° C.

Esta soldadura es un intento de cambiar la plata, que es más cara, por el cobre, pero esto no ha dado mejores resultados. La temperatura máxima de utilización en este caso tiene que quedar a 110° C, sensiblemente inferior a la de 175° C que tenía la de estaño-plata. A pesar de tener un punto de fusión de 232° C, sólo se consigue una completa miscibilidad del cobre y el estaño a 320° C, por lo cual la temperatura de la soldadura ha de ser de unos 100° C más que la de la aleación estaño-plata.

Recomendaciones de uso

Esta aleación está recomendada para:

- Instalaciones de calefacción central con temperaturas de trabajo inferiores a 110° C y conducciones de agua caliente, en las cuales las temperaturas no sean altas y los cambios de éstas no puedan producir contracciones bruscas en las soldaduras.

- Conducciones de uso alimentario y de agua potable.

Aleaciones estaño-plomo

En el pasado ha sido la más utilizada por su bajo punto de fusión, pero la investigación ha demostrado que tanto el plomo como el estaño, cuando está aleado con él, se disuelven en el agua, por lo que es peligroso emplearlo para uso sanitario. De todas las posibles combinaciones, las más utilizadas son la 67/33 (SnPb) y la 50/50.

Recomendaciones de uso

Aleación 67/33 (estaño-plomo): tiene un intervalo de fusión 183-249. Este alto intervalo de fusión hace que se emplee esta aleación como idónea para el estañado de material laminado.

Aleación 50/50 (estaño-plomo): tiene un intervalo de fusión más corto, de 183-216° C, lo que hace que se pueda emplear en circuitos de calefacción con una temperatura máxima de utilización de 90° C.

1.5. Preparación de las piezas que se van a soldar

Para conseguir la unión mediante la fusión de la aleación, hay que conseguir que cuando ésta licúe, fluya, mojando al metal de tal forma que lo cubra completamente. Esta adherencia depende de la limpieza que haya entre la capa externa del metal y la parte de la aleación fundida que cubre a éste. Esto quiere decir que si entre el metal base y la aleación aportada hay algo que impida una unión íntima, la soldadura quedará defectuosa, pues la aleación no se habrá difundido completamente. Esta es muchas veces la razón por la cual falla el proceso de soldadura.

Para obtener una superficie limpia del metal se pueden emplear fundamentalmente dos métodos, mecánicos o químicos.

La limpieza mecánica no es otra cosa que ayudarse con un cepillo o un estropajo metálico, y mediante fricción eliminar las impurezas y el óxido de metal de la superficie, dejando a éste libre de cualquier impedimento para que la aleación funda libremente sobre él. Durante la limpieza mecánica, se raya ligeramente la superficie del metal, produciendo surcos microscópicos, lo cual aumenta el área de la superficie de metal; esta rugosidad favorece enormemente el aumento de adhesión de la aleación sobre el metal, pues hay más superficie donde hacerlo.

La limpieza química consiste en productos químicos, a base de ácidos o productos que reaccionan con el óxido del metal, eliminándolo de la superficie del mismo.

Una vez la superficie del metal está "limpia" de impurezas, óxido o residuos de éste, todavía no se puede proceder al calentamiento del metal de la aleación, pues hay que proteger al metal de la formación de nuevo óxido durante el calentamiento. Este producto que impide la formación del óxido durante el calentamiento y, por consiguiente, hace que las superficies estén limpias durante todo el proceso de la soldadura, se denomina "decapante" o "flux". Ya que el decapante o flux tiende a impedir la formación de óxido entre las superficies a soldar, es evidente que durante su aplicación hay que asegurarse que esté distribuido de forma uniforme por toda la zona en donde la aleación deba fluir.

1.6. Técnicas de soldadura blanda sobre metales

Describiremos la técnica de soldadura por capilaridad, que es con diferencia la más usada en las instalaciones de climatización, calefacción y fontanería. El proceso de soldeo se puede resumir en los siguientes puntos:

1º. Cortar con el cortatubos a la medida deseada.

2º. Limpiar la rebaba que se haya formado al realizar el corte; esto se logra por medio del escariador. El cortatubos va provisto de una cuchilla triangular que sirve para escariar el tubo, es decir, quitar la rebaba.

3º. Comprobar que está limpio el interior de la pieza a y el exterior del tubo, con lana de acero o lija.

4º. Aplicar una capa delgada y uniforme de pasta fundente (decapante) en el exterior del tubo; esto se hace con un cepillo o brocha, NUNCA CON LOS DEDOS.

5º. Introducir el tubo en la conexión hasta el tope, girando a uno y otro lado para que la pasta se distribuya uniformemente.

6º. Aplicar la llama del soplete en la unión, tratando de realizar un calentamiento uniforme; si es necesario, girar el soplete lentamente alrededor de la unión probando con la punta del cordón de soldadura la temperatura de fusión, después retirar la llama cuando se coloque el estaño y viceversa.

7º. Cuando se llegue a la temperatura de fusión de la soldadura, ésta pasará al estado líquido, que fluirá por el espacio capilar; cuando éste se encuentre ocupado por la soldadura, se formará un anillo alrededor de la conexión, lográndose soldar perfectamente.

8º. Finalmente, quitar el exceso de soldadura con estopa seca, haciendo esta operación únicamente rozando las piezas unidas, es decir sin provocar ningún movimiento en éstas, ya que de hacerlo podrían romper la soldadura que está solidificando.

Es importante no permitir que durante el proceso de la soldadura haya "sobrecalentamiento" y posiblemente la destrucción del decapante o flux, por lo que éste no podría disolver los óxidos que se formasen durante el calentamiento y seguidamente eliminarlos. Este problema aparece con demasiada frecuencia en las soldaduras que fallan. Para evitar este "sobrecalentamiento" es aconsejable que comprobemos continuamente si hemos alcanzado la temperatura de fusión de la aleación, acercando la misma a la zona caliente a unir, o, mejor aún, utilizar una mezcla de decapante y aleación en polvo. El cobre pierde sus propiedades mecánicas si es sobrecalentado. Es importante no sobredimensionar la fuente de calor, como por ejemplo, aplicando un soplete de oxiacetileno para soldar un fitting de 12.

Es importante saber qué producto se tiene entre manos.

Las Normativas son importantes.

La seguridad también es un asunto importante a tener en cuenta durante la soldadura, pues tanto los fluxes como las aleaciones contienen a menudo productos nocivos.

Los decapantes o fluxes, en su aplicación en frío o en su calentamiento durante la soldadura, se descomponen en productos potencialmente tóxicos y dañinos para la salud bajo forma de vapores. Se recomienda por todo ello que se trabaje en sitios bien ventilados y asegurándose que el fabricante cumple con las normas de toxicidad vigentes, así como leerse todas las características descritas en la etiqueta. En algunos países es necesaria la aprobación mediante normativa de las autoridades, para la utilización de fluxes en conducciones de cobre para agua y gas, como medida preventiva de sustancias nocivas.

1.7. Técnicas de soldadura blanda sobre plásticos

Las uniones entre tubos y accesorios de Polipropileno se realizan mediante soldadura de dos maneras diferentes:

- Soldadura por termofusión con el empleo de un polifusor.

- Soldadura por electrofusión utilizando manguitos electrosoldables.

La diferencia entre ambos métodos es que en la soldadura por termofusión se calienta tubo y accesorio mediante el empleo de una resistencia eléctrica externa ejecutando el montaje una vez calentados los mismos.

En cambio, en la soldadura por electrofusión primero se introduce el tubo en el manguito de electrofusión, que ya lleva insertada una resistencia eléctrica, y posteriormente se hace circular una corriente eléctrica a través de esta resistencia, lo que genera el calor suficiente como para realizar la soldadura.

SOLDADURA POR TERMOFUSIÓN

A. **Precauciones a tener en cuenta con el polifusor y sus matrices**:

- Usar las herramientas específicas que cada fabricante aconseja para sus productos.

287

- Colocar las matrices en la máquina cuando se encuentre fría.

- Enchufar el polifusor a la red eléctrica, esperar a que se calienten las matrices hasta 260° C.

- La soldadura de las tuberías de Polipropileno se realiza a unos 260° C, por lo que habrá que tomar las precauciones necesarias para no quemarse.

- Una vez que la herramienta se haya desconectado de la red eléctrica, esperar a que ésta se enfríe.

- Nunca enfriarla con agua, ya que además de existir peligro de accidente pueden dañarse los componentes electrónicos de la herramienta.

- La herramienta sólo debe usarse en ambiente seco, nunca bajo lluvia o gotas de agua.

Proceso de soldadura por termofusión

1º Prepare la herramienta de soldadura.

2º El corte de la tubería debe realizarse con una tijera adecuada de forma que el corte sea limpio y en ángulo recto.

3º Retire la viruta resultante del corte y limpie la superficie del tubo.

4º Marque la profundidad de soldadura con una galga y un rotulador.

5º Introduzca el tubo y accesorio a soldar en la herramienta ya caliente hasta la profundidad de soldadura anteriormente marcada. Se deben respetar los tiempos de calentamiento especificados por el fabricante. Un calentamiento excesivo puede provocar la obstrucción de la tubería.

6º Una vez terminado el calentamiento, unir rápidamente el tubo y el accesorio hasta la profundidad de soldadura anteriormente marcada, ejerciendo una ligera presión. El conjunto tubo-accesorio debe estar perfectamente alineado a fin de evitar posibles tensiones en la unión. Durante el tiempo de termofusión, no girar el conjunto tubo-accesorio.

7º Respetar los tiempos de enfriamiento antes de someter la tubería a presión.

Tabla de parámetros de soldadura por termofusión según
la norma alemana DVS 2207 aptdo. 1

Diámetro exterior mm.	Profundidad soldadura (mm)	Tiempo calentamiento (Seg.)	Tiempo manipulación (Seg.)	Tiempo enfriamiento (Min.)
16	13	5	4	2
20	14	5	4	2
25	15	7	4	2
32	16,5	8	6	4
40	18	12	6	4
50	20	18	6	4
63	24	24	8	6
75	26	30	8	8
90	29	40	8	8
110	32,5	50	10	8

Instrucciones de soldadura con manguitos de electrofusión

1º Corte los tubos rectangularmente.

2º Asiente los tubos con una herramienta adecuada (cuchilla o rasqueta). En esta fase de trabajo debe rasparse una capa fina del tubo, poniendo atención a que el diámetro del tubo no se reduzca por debajo del valor nominal.

3º Achaflane o bien desbarbe los tubos con una herramienta adecuada (cuchilla, rasqueta).

4º Desengrase cuidadosamente los extremos de tubos y electromanguitos en el área de soldadura utilizando un pañuelo de limpieza empapado en alcohol. Bajo ninguna circunstancia deberán utilizarse para la limpieza disolventes a base de aceite.

5º Para garantizar la posición central del área de soldadura, marque las profundidades de inserción de los tubos con un lápiz, orientando los casquillos de unión lo más que se pueda hacia arriba (giro hasta 45° permitido).

6º Apriete los cables de soldadura

7º Inicie el aporte de corriente con el aparato de soldadura.

8º Durante el proceso de soldadura, asegure una posición libre de tensión y absolutamente axial del electromanguito con respecto al tubo.

9º Durante el proceso de soldadura proteja la zona de soldadura contra humedad y mojadura (en el interior y exterior).

10º Evite cargas (tensión, golpes, humedad,...) sobre la zona de soldadura durante la fase de enfriamiento (por lo menos, 10 minutos).

11º La instalación no deberá ponerse en servicio sino hasta que haya transcurrido por lo menos una hora.

1.8. Normas de seguridad exigibles en el proceso de soldadura blanda

La manipulación del soplete de butano o propano en el proceso de soldadura puede provocar diversas patologías en el operario, entre la que destacan:

- Quemaduras físicas y químicas.
- Atmósfera anaerobia (con falta de oxígeno) producida por gases inertes.
- Atmósferas tóxicas, irritantes.
- Caída de objetos y/o de máquinas.
- Cuerpos extraños en ojos.
- Deflagraciones.
- Explosiones.
- Exposición a fuentes luminosas peligrosas.
- Golpes y/o cortes con objetos y/o maquinaria.
- Incendios.
- Inhalación de sustancias tóxicas.

En el uso de equipos de soldadura de butano o propano, se comprobará que todos los equipos disponen de los siguientes elementos de seguridad:

- **Filtro**:

  Dispositivo que evita el paso de impurezas extrañas que puede arrastrar el gas. Este filtro deberá estar situado a la entrada del gas en cada uno de los dispositivos de seguridad.

- **Válvula antirretroceso de llama**:

  Dispositivo que evita el paso del gas en sentido contrario al flujo normal.

- **Válvula de cierre de gas**:

  Dispositivo que se coloca sobre la empuñadura y que detiene automáticamente la circulación del gas al dejar de presionar la palanca.

  La normativa de seguridad es amplia y variada; en general, el trabajador deberá respetarla por su seguridad y la de su entorno.

Algunas leyes y reglamentos de prevención de riesgos laborales que son de aplicación a este tipo de trabajos:

Normativa

Ley de prevención de riesgos laborales (Ley 31/95 de 8/11/95).

Reglamento de los servicios de prevención (R.D. 39/97 de 7/1/97).

Orden de desarrollo del R.S.P. (27/6/97).

Disposiciones mínimas en materia de señalización de seguridad y salud en el trabajo (R.D.485/97 de 14/4/97).

Disposiciones mínimas de seguridad y salud en los lugares de trabajo (R.D. 486/97 de 14/4/97).

Disposiciones mínimas de seguridad y salud relativas a la manipulación de cargas que entrañen riesgos, en particular dorsolumbares, para los trabajadores (R.D. 487/97 de 14/4/97).

Exposición a agentes cancerígenos durante el trabajo (R.D. 665/97 de 12/5/97).

Disposiciones mínimas de seguridad y salud relativas a la utilización por los trabajadores de equipos de protección individual (R.D. 773/97 de 30/5/97).

Disposiciones mínimas de seguridad y salud para la utilización por los trabajadores de los equipos de trabajo (R.D. 1215/97 de 18/7/97).

Ordenanza laboral de la construcción vidrio y cerámica (O.M. de 28/8/70).

Ordenanza general de higiene y seguridad en el trabajo (O.M. de 9/3/71)

Reglamento general de seguridad e higiene en el trabajo (O.M. de 31/1/40)

Reglamento electrotécnico para baja tensión (R.D. 2413 de 20/9/71).

O.M. 9/4/86 Sobre riesgos del plomo.

2. SOLDADURA ELÉCTRICA EN ATMÓSFERAS NATURALES Y PROTEGIDAS

2.1. Soldadura eléctrica: concepto y aplicaciones

En esta sección estudiaremos las soldaduras eléctricas que producen arco eléctrico como fuente de calor.

El arco eléctrico se produce al cerrarse un circuito eléctrico a través del aire caliente, entre dos puntos que tienen diferente potencial; este arco produce gran cantidad de calor que es aprovechado para fundir las piezas a soldar y, en su caso, el material de aportación.

La soldadura provoca altas temperaturas y funde los metales; en estas condiciones, los metales reaccionan con el oxígeno de la atmósfera provocando óxidos, que con el paso del tiempo perjudicarán a los materiales en ese punto. Existen varios métodos de soldadura, pero todos ellos prevén este problema y aportan una solución distinta para evitar que el metal esté en contacto con la atmósfera cuando se encuentra a temperaturas tan elevadas.

La soldadura de arco con electrodo revestido aporta la protección al material de aporte, el electrodo; a la vez que se descompone el electrodo va depositando sobre la soldadura una escoria que hace de capa protectora de la soldadura.

Las soldaduras TIG, MIG y MAG aporta al punto de soldadura un gas inerte que desplaza la atmósfera con el oxígeno, y refrigerando la zona.

2.2. Simbología utilizada en las técnicas de soldadura eléctrica

Cuando nace la soldadura y se aplica al ámbito de la industria y la construcción se hace necesario crear un lenguaje de símbolos que sea conocido por todos, eso permitirá que las indicaciones en planos sean trasladadas del proyectista al ejecutor.

Para lograr este entendimiento, se ha normalizado la representación de los distintos tipos de soldadura.

Como la técnica de la soldadura es compleja y no vale simplemente decir que se quiere soldar una determinada pieza, hay que dar más datos: resistencia de la soldadura, cara en la que se va a soldar, penetración, etc.

Los conceptos que se representan son:

- Clase de cordón, sección y espesor.

- Realización y disposición del cordón.

- Preparación de las piezas.

- Acabado del cordón.

La soldadura en la vista longitudinal se representa por una línea continua y gruesa o, si se quiere destacar el cordón, se añaden unos trazos rectos y paralelos, o unos pequeños arcos que se pueden cerrar con una línea muy fina.

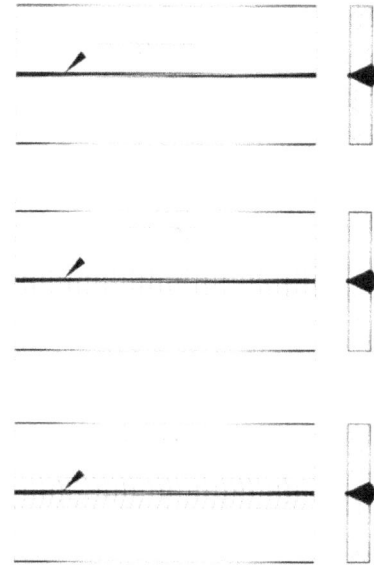

La simbología usada en las soldaduras a tope es la dibujada a continuación.

SIMBOLO   RESULTADO

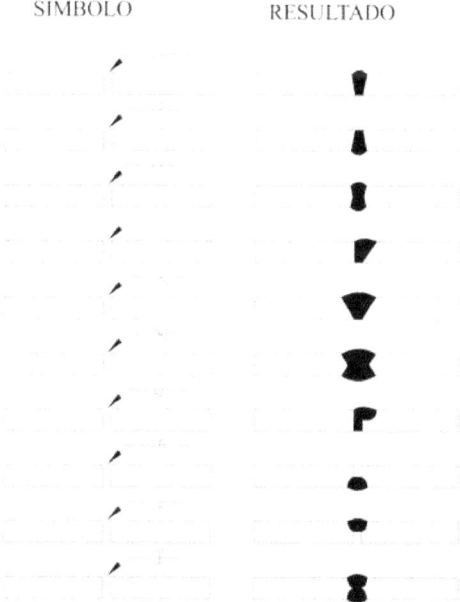

2.3. Electrodos de aportación según el material que se va a soldar y el tipo de soldadura

En todos los casos de soldaduras homogéneas el material de aportación debe ser de la misma naturaleza que las piezas a soldar, acero al carbono, acero inoxidable, aluminio, etc.

Distinguiremos los electrodos por si van o no recubiertos y por su forma física, así tenemos:

Electrodos recubiertos con material de protección, son de unos 30 cm. aproximadamente y se presentan en varios espesores, están compuestos por una varilla central que está rodeada por el material de recubrimiento.

Electrodos de alambre, se usan en las soldaduras MIG y MAG, su diámetro oscila entre 0.4 y 1.6 mm.

Su diámetro varía proporcionalmente con el espesor de las pieza a soldar, se presenta en bobinas de hilo que va recubierto de un material cobrizo para aumentar su conductividad.

El electrodo de varilla de aportación se usa en la soldadura TIG, que al realizarse la aportación manualmente es la forma más cómoda.

Espesor < 4 mm. sin chaflan.

Espesor > 12 mm. chaflan en X Chaflanes de 30º.

12 mm > Espesor > 4 mm. sin chaflan en V, dos chaflanes 30º total 60º.

Espesor > 12 mm. chaflan en V dos Chaflanes de 45º, total 90º.

TIPOS DE ELECTRODOS PARA EL SOLDEO DE ACEROS ORDINARIOS

Norma	Tipo	Características y aplicaciones	Corriente	Diámetro	Intensidad
E-6010	Celulósico	Para el soldeo en todas las posiciones. Se emplea principalmente en el soldeo de aceros ordinarios y débilmente aleados. Recomendable para el soldeo de piezas con una buena penetración. Presenta una gran aplicación en construcción naval, de edificios, p	Sólo funciona con corriente continua con polaridad inversa.	2,5 3,25 4 5 6 8	60-90 80-120 120-160 150-200 225 - 300 250-450
E-6011	Celulósico	Es similar al anterior, salvo que puede utilizarse en generadores de corriente alterna. Aunque también funciona en corriente continua con polaridad inversa, no da tan buen resultado como el anterior.	Corriente continua con Polaridad inversa. Corriente alterna.	2,5 3,25 4 5 6	50-90 60-130 120-180 140-220 225-325
E-6012	Rutilo	Electrodo de, de gota relativamente fría. Penetración, media, arco suave, ligeras proyecciones y escoria densa. Aunque se considera como electrodo de todas posiciones, se emplea principalmente en horizontal y en comisa. Se adapta bien a preparaciones de	utilizable en corriente continua polaridad directa y en corriente alterna.	2,5 3,25 5 6	40-90 80-120 140 - 240 225 - 350
E-6013	Rutilo	Similar ai E-BO 1 2, aun que presenta ligeras diferencias. La escoria es más fácil de limpiar y el arco se mantiene más fácilmente, sobre todo en los diámetros pequeños. Permite un trabajo más fácil, incluso con grupos de baja tensión de vacío.Menor pod	Corriente alterna. Corriente continua Polaridad directa e inversa	1,5 2 2,5 3,25 4 5 6	20-40 25-50 30-80 80-120 120-190 140-240 250 - 350
E-7014	Rutilo Gran rendimiento	Electrodo de rutilo, de gran rendimiento y de gota relativamente fría, adecuado para soldaduras en las que se requiere una gran velocidad. Puede utilizarse en todas posiciones. Presenta una aportación mucho mayor que los electrodos E-6012 y E-6013 por lo	Corriente alterna. Corriente continua. Polaridad directa e inversa.	2,5 3,25 4 5 6 8	80-110 110-150 140-190 180-280 350-400 400-500
E-7024	Rutilo. Gran rendimiento	Su velocidad de aportación lo hace muy interesante desde el punto de vista económico en las soldaduras a una sola pasada o en los grandes rellenos. Aunque sólo es aplicable en horizontal. Se utiliza ampliamente por su gran rapidez y fácil eliminación de l	Corriente alterna. Corriente continua Polaridad directa e inversa	2,5 3,25 4 5 6 8	90-120 120-150 180-230 250-300 350-400 400-500
E-6027	Rutilo Gran rendimiento.	Electrodo de gran rendimiento que produce soldaduras de gran calidad, con una elevada velocidad de aportación. Se emplea para el depósito de cordones en ángulo de espesores fuertes, para realizar las pasadas de relleno en uniones a tope y en las pasadas	Corriente alterna. Corriente continua. Polaridad directa e inversa.	5 5,5 6	200-300 275-375 300-375
E-7018	Básico	Es un electrodo de bajo hidrogena (básico) que además contiene polvo de hierro. Tiene una velocidad de aportación y deposita un material capaz de superar los más severos controles radiográficos. Dado que el rendimiento no es excesivo, admite la soldadur	Corriente alterna o corriente continua y polaridad inversa	2,5 3,25 4 5 6	75-105 100-150 140-190 190-250 300-375
E-7028	Básico	Electrodo similar al anterior, pero con grandes cantidades de polvo de hierro, porto que solo es recomendable para el soldeo en horizontal.	Corriente alterna o corriente continua y polaridad inversa	4 5 6	175-250 250-325 375-475

2.4. Recubrimiento de los materiales de aportación

Electrodos recubiertos para la soldadura por arco metálico

El sistema de soldadura eléctrica con electrodo revestido mantiene un arco eléctrico entre el electrodo y la pieza a soldar. Está constituido por una varilla metálica llamada alma, revestida de sustancias no metálicas.

El revestimiento proporciona varias funciones:

- Función eléctrica del recubrimiento.
- Función física de la escoria.
- Función metalúrgica del recubrimiento.

Función eléctrica del recubrimiento.

Dar al arco de la soldadura estabilidad, ionizando los gases que constituyen el arco; esto se consigue con las sales, de sodio, potasio y bario.

Favorecer el cebado y mantenimiento del arco.

Función física de los recubrimientos.

Facilitar la soldadura en las diversas posiciones en que puede ser necesario ejecutarla.

La más complicada es la soldadura de techo; en ella se usan electrodos. Tienen un recubrimiento cuyo componente característico es la celulosa, cuya descomposición da una mezcla de gases reductores, principalmente hidrógeno, que se descompone en hidrógeno atómico.

Estos electrodos se conocen como volátiles.

Función metalúrgica de los recubrimientos.

Proteger el metal de la oxidación, primero aislándolo de la atmósfera oxidante que rodea el arco y después recubriéndolo con una capa de escoria mientras se enfría y solidifica.

Clasificación de los electrodos recubiertos atendiendo a la composición de su recubrimiento:

- Electrodos volátiles.
- Electrodos ácidos.
- Electrodos a base de óxido de titanio, o electrodos de rutilo.
- Electrodos básicos.
- Electrodos de gran rendimiento.

Electrodos volátiles.

Permiten soldar en todas las posiciones, y dan una cierta penetración gracias a la reacción, con gran desprendimiento de calor del hidrogeno.

Electrodos ácidos.

Los recubrimientos de esta clase de electrodos están constituidos principalmente por mezclas de óxido de hierro y sílice, a las que se añade en algunos casos óxido de manganeso o ferromanganeso.

Este tipo de recubrimiento protege los electrodos dando un arco muy estable, y haciendo posible un buen funcionamiento, tanto con corriente alterna, como continua, así como que la tensión de cebado del arco sea baja.

Electrodos a base de óxido de titanio o electrodos de rutilo.

Él óxido de titanio del recubrimiento tiene como misión reforzar la acción de sus otros componentes y estabilizar el arco; estos electrodos son utilizados en todas las posiciones, en soldadura vertical se puede hacer un cordón de buena calidad, las características mecánicas que se obtienen con este tipo de electrodos en la soldadura son mejores que las obtenidas con los electrodos ácidos.

Electrodos básicos.

Los electrodos básicos tienen el recubrimiento constituido principalmente por carbonatos, como es el carbonato de calcio y el de magnesio, cuya misión es, entre otras, reforzar el poder reductor del manganeso, silicio y titanio.

Los electrodos básicos permiten obtener soldaduras de alta velocidad y en todas las posiciones, con un alargamiento y una resiliencia* muy elevadas, sin embargo el aspecto del cordón es mas bombeado y rugoso que el que se obtiene con electrodos ácidos

Cuando se utilizan con corriente continua, el polo positivo debe conectarse al electrodo.

Electrodos de gran rendimiento.

Estos electrodos son llamados así por el hecho de que el metal depositado por fusión es superior a la del alma del electrodo.

Los electrodos de gran rendimiento son fabricados con una adición de polvo de hierro en la composición del revestimiento; este revestimiento es ácido, de gran espesor, con un rendimiento de 1,60 a 1,80 veces más que el peso del alma del electrodo; este tipo de electrodos sólo se pueden utilizar en soldaduras horizontales.

También existen electrodos de gran rendimiento, con revestimiento básico, y dan un rendimiento de 1,20 veces el peso del alma del electrodo;

este tipo de electrodos tienen la ventaja de permitir realizar soldaduras en todas las posiciones, con características similares a las que se obtienen con electrodos básicos de revestimiento normal.

2.5. Preparación de las piezas que se van a soldar

Una buena preparación de las piezas a soldar es fundamental para la realización de la soldadura con éxito. Antes de proceder a la soldadura se deben realizar las siguientes operaciones:

Limpieza de las superficies.

Se deben cepillar con un cepillo metálico o con la radial las superficies a soldar, quitar los óxidos y cualquier impureza que exista, grasas, polvo, restos de pintura, etc.

Achaflanado.

En las piezas de 4 mm de grosor e inferior no es necesario achaflanar los bordes a unir. Cuando se realice la soldadura la distancia entre ellos será igual a la mitad de su grosor.

La soldadura exige que exista una penetración; si las piezas a soldar son muy gruesas la penetración no se puede realizar en todo el grosor, esto obliga a que los bordes sean achaflanados para abrir paso a la soldadura y que la penetración sea total. Esta operación se puede realizar manualmente con una radial de mano o bien con máquinas especiales para esta función.

Hasta 10-12 mm de espesor se realiza el chaflán en V, que consiste en realizar un rebaje de 30° en cada cato de la piezas a soldar, que una vez unidas dejan un hueco de 60°, si la pieza es más gruesa se deberá realizar un achaflanado en X por las dos caras de la soldadura, pero si no se tiene acceso a las dos caras entonces el achaflanado de preparación será de 45° así tendremos un hueco de 90°.

2.6. Equipos de soldadura eléctrica

* Equipos de soldadura por arco con electrodo revestido.
    - Trasformadores.
    - Rectificadores.
* Equipos de soldadura TIG.
* Equipos de soldadura MIG y MAG.

Equipos de soldadura por arco con electrodo revestido.

Para la soldadura efectiva por arco, se requiere una corriente constante.

La demanda por corriente en la soldadura por arco la potencia fluctúa mucho. Cuando se establece el arco con el electrodo, el resultado es un cortocircuito lo que produce un aumento instantáneo de corriente eléctrica; las máquinas se diseñan para evitar este fenómeno, cuando las gotas de metal para soldar se llevan a través del flujo del arco, éstas también producen un cortocircuito.

Una fuente de corriente constante está diseñada para reducir estos picos de corriente originados por cortocircuitos y así evitar excesivas salpicaduras durante la soldadura.

El voltaje cuando la máquina está disponible pero no se está soldando (circuito abierto) es mucho más alto que el voltaje de arco, cuando está trabajando (circuito cerrado). El voltaje de circuito abierto puede variar de 50 a 100 V y el voltaje de arco, de 18 a 36 V.

Durante el proceso de soldadura también se produce un efecto de cambio de voltaje del arco producido por la longitud del arco, un arco corto facilita el aumento de corriente.

La intensidad de corriente influye directamente sobre la velocidad de derretimiento: si aumenta la velocidad de corriente, aumenta el calor producido en la punta del electrodo. La intensidad de corriente necesaria en cada caso está relacionada con el grosor del metal para soldar. Generalmente, en los aparatos existe una rueda o cualquier otro mecanismo que permite seleccionar la corriente deseada. Un control ajusta la máquina para un ajuste aproximado de corriente y otro control proporciona un ajuste más preciso de corriente.

Básicamente son dos los tipos de equipos de soldadura más utilizados en la soldadura por arco:

- Transformadores - para corriente alterna.

- Rectificadores - para selección de corriente (alterna o continua).

Los tamaños de los equipos de soldar dependen del tipo de soldadura y el tiempo que se vaya a utilizar continuamente el equipo. En general para seleccionar un equipo deberemos de tener en cuenta:

- 150-200 amperios- Para soldadura pequeñas a media.

- 250-300 amperios- Para requerimientos normales de soldadura.

- 400-600 amperios- Para soldadura grande y pesada.

Características de equipo de soldadura pequeños (http://www.imcoinsa.es)		Para Hobby	Semi Profes.	Semi Profes.
Datos Técnicos	Modelo	IMCO-140	IMCO-160	IMCO-190-T
	Ref.	OS14	OS16	OS19
Alimentación Monofásica		220 V.	220 V.	220/380 V.
		50 Hz.	50 Hz.	50 Hz
Intensidad de Soldadura		45 a 140	55 a 160	55 a 190
Potencia de la Alimentación		2,5	3	3,5
LARGO (mm)		370	420	420
ANCHO (mm)		260	280	280
ALTO (mm)		300	330	330
Tensión Máxima en Vacío Amp.		48	48	48
Capacidad de soldadura		1,50 Ø 40 E/hora		
N° de electrodos hora		2 Ø 20 E/hora		2 Ø 50 E/hora
Ø Electrodo		2,50 Ø 13 E/hora[br3,2 5 Ø 5 E/hora]	2,50 Ø 24 E/hora	2,50 Ø 31 E/hora
			3,25 Ø 12 E/hora	3,25 Ø 14 E/hora
Peso en Kg. con Accesorios		15	18	18,5

Datos técnicos equipos de soldadura medianos (http://www.imcoinsa.es)		
Modelo	IMCO-200-T	IMCO-220-T-COB Transf. con Hilo de Cobre
Referencia	OS20	OS22
Tensión de alimentación	220/380 V. -50 Hz. Monofásica	220/380 V. -50 Hz. Monofásica
Campo de Reglaje en Amp.	60 a 200	40 a 240
Tensión Secundaria en V.	48 V.	(1) 48 V. / (2) 70 V.
Intens. Máx. de Soldadura	200 AMPS.	240 AMPS.
Potencia de la Alimentación al límite en Kw.	4,5	5
Capacidad de soldadura Electrodos de 1,50 Ø	100%	100%
Capacidad de soldadura Electrodos de 2,50 Ø	60%	100%
Capacidad de soldadura Electrodos de 3,25 Ø	35%	100%
Capacidad de soldadura Electrodos de 4 Ø	20%	60%
Capacidad de soldadura Electrodos de 5 I Ø	10%	30%
Peso en Kg. sin Accesorios	24	39

(1) Para electrodo escorrebole rutile

(2) Para electrodo básico

NOTA: Nos reservamos el derecho de efectuar modificaciones sin previo aviso.

300

Transformador

El equipo que produce corriente alterna está alimentado de la red eléctrica y suele tener un interruptor para seleccionar el voltaje de la red 220/380V.

El transformador CA más sencillo tiene una bobina primaria y una bobina secundaria con un ajuste para regular la salida de corriente. Permite reducir la tensión de la red hasta 60-80 V y permite regular la intensidad, de esta manera los movimientos del electrodo acercándose o alargándose no afectan excesivamente la intensidad de corriente, permitiendo tener una soldadura más homogénea.

Rectificadores

Los rectificadores son transformadores que contienen un dispositivo eléctrico que cambia la corriente alterna en corriente continua o directa.

Los rectificadores para la soldadura por arco generalmente son del tipo de corriente constante, donde la corriente para soldar queda razonablemente constante para pequeñas variaciones en la longitud del arco.

Los rectificadores están construidos para proporcionar corriente directa solamente, o ambas, corriente directa y alterna. Por medio de un interruptor puede variarse y proporcionar corriente continua o corriente alterna, cambiando la conexión de la pinza portaelectrodo, y la de masa se puede cambiar de corriente directa a corriente inversa, simplemente cambiaremos la polaridad.

En la actualidad, los dos materiales rectificadores utilizados para los equipos de soldadura son el selenio y el silicio. Ambos son excelentes, aunque el silicio muchas veces permitirá operar con densidades de corriente más altas.

301

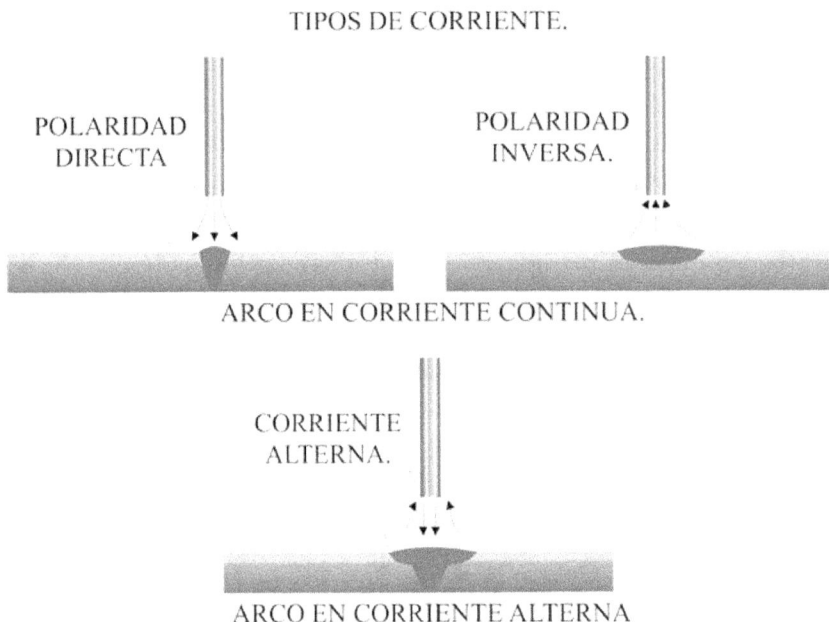

Pinza portaelectrodo

El portaelectrodo es una pinza que está comunicada eléctricamente con el equipo de soldadura. Su función es sujetar el electrodo haciéndole llegar la corriente eléctrica con seguridad para el operario; debe de ser de fácil manejo y poco pesada para hacer el trabajo lo menos penoso posible; debe estar aislado térmicamente y eléctricamente para que no se queme la mano del operario y no produzca desvíos del arco eléctrico.

El portaelectrodos no debe apoyarse nunca sobre la pieza a soldar, sobre el banco de trabajo ni sobre ningún elemento que esté conectado eléctricamente a la masa del equipo de soldar: de ser así, se produciría la chispa y el aparato entraría en cortocircuito.

Pinza para puesta a tierra o de masa

La pinza de masa o de puesta a tierra es un elemento fundamental del equipo de soldadura. Su función es cerrar el circuito eléctrico entre el electrodo y la pieza a soldar; se puede conectar directamente en la pieza o sobre el banco de trabajo metálico.

Equipos de soldadura TIG.

El equipo de soldadura TIG es muy parecido al de soldadura por corriente continua, de hecho, los equipos más comunes en el mercado que sueldan con TIG también lo hacen con electrodo. Cuenta con los siguientes elementos:

- Fuente de alimentación y unidad de alta frecuencia.

- Pistola.

- Electrodo.

- Suministro de gas de protección.

Fuente de alimentación y unidad de alta frecuencia.

Está compuesta por un transformador que proporciona tensión constante, consiguiendo que las variaciones no afecten a la intensidad de la corriente; estos equipos permiten trabajar en corriente continua directa e inversa y en corriente alterna.

El inicio del arco se produce con un generador de alta frecuencia, que provoca un cebado más sencillo sin tener que tocar con el electrodo la pieza; previo al inicio del proceso de soldeo el equipo acciona una válvula que abre el conducto de gas protector y lo cierra un poco después de acabar de soldar.

Pistola

La función de la pistola es dirigir la soldadura; sujeta el electrodo de tungsteno que conduce la corriente eléctrica y lo rodea con gas a través de una boquilla cerámica.

Tiene un botón que da la orden de inicio y final de la soldadura.

Electrodo.

El electrodo de la soldadura TIG no es consumible y tiene la función de crear el arco eléctrico. Está fabricado de materiales de elevado punto de fusión, como son el tungsteno o aleaciones de tungsteno. El electrodo alcanza temperaturas elevadísimas y hay que seleccionarlo para que no se llegue a producir la bola en la punta. Seguiremos los siguientes criterios en el momento de seleccionar el tipo de electrodo que necesitamos.

CRITERIOS DE SELECCIÓN DE ELECTRODOS DE TUNGSTENO

Tipo de electrodos	Aplicaciones	Estabilidad del arco	Cebado del arco	Vida útil del electrodo	Resistencia a la temperatura
Tungsteno Puro	Aleaciones ligeras (corriente alterna)	**	*	*	*
Tungsteno al Tório	Aceros no-aleados y aceros inoxidables	*	***	**	**
Tungsteno al Cério	(corriente continua)	**	*	**	**
Tungsteno al Lantano		**	***	***	***

*** excelente

** bueno

* adecuado

El diámetro del electrodo hay que seleccionarlo por la intensidad máxima que soporta sin destruirse. Tendrá que ser mayor cuanta más intensidad pase por él; puede usarse la tabla de selección como referencia:

Selección del diámetro y la intensidad del electrodo de tungsteno.

Diámetro (mm)	Intensidad (A) (1)	Intensidad (A)(2)
1	10-80	18537
1,6	50-120	40-80
2	90-190	60-110
2,4	100-230	70-120
2,5	100-230	70-120
3,2	170-300	90-180
4	260-450	160-240
4,8	400-650	200-300
5	400-650	200-300
6	600-800	300-450

(1) Aceros no-aleados y aceros inoxidables.

(2) Para aleaciones ligeras.

304

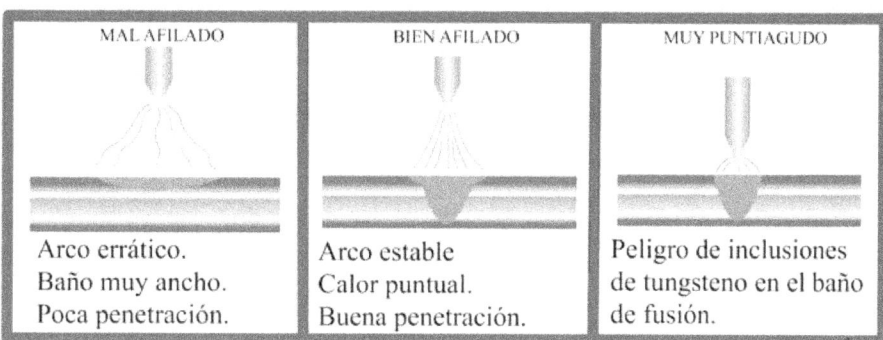

MAL AFILADO	BIEN AFILADO	MUY PUNTIAGUDO
Arco errático. Baño muy ancho. Poca penetración.	Arco estable Calor puntual. Buena penetración.	Peligro de inclusiones de tungsteno en el baño de fusión.

Suministro de gas de protección.

El gas protector se usa para crear una atmósfera alrededor de la soldadura que evite el contacto de la atmósfera con la misma; para ello, la pistola dispone de un chorro de gas en la punta que se pone en marcha cuando el proceso de la soldadura está activo. La soldadura es protegida de las reacciones químicas de oxidación que se producirían a tan elevadas temperaturas; los gases más utilizados son el argón el helio y una mezcla de ambos.

El gas de protección está almacenado en una botella a elevada presión; para salir de la misma se debe activar la electroválvula, que está cerrada cuando no se está soldando; la presión del gas se reduce con una válvula reductora de presión para adecuarla a la presión de uso; un conducto que generalmente va unido al cable eléctrico transporta el gas desde la botella hasta la pistola y, por último, ésta lo dirige al punto mismo de la soldadura.

Equipos de soldadura MIG y MAG.

La composición de los equipos MIG y MAG es la siguiente:

- Fuente de alimentación.

- Sistema de alimentación del alambre-electrodo.

- Reductor de presión y caudalímetro.

- Pistola de soldar.

- Botella de gas de protección.

Fuente de alimentación.

Es un transformador- rectificador de corriente continua. Dispone de un control de regulación de la tensión (entre 15 y 40 Voltios aproximadamente), y un variador de intensidad entre 60 y 500 Amperios; este rango viene determinado por la potencia de la máquina y del fabricante.

La regulación de la fuente de alimentación se debe realizar para que el electrodo que suministra el sistema sea fundido.

Sistema de alimentación de alambre-electrodo.

La función de este mecanismo es suministrar el material de aportación a la soldadura a una velocidad que estará coordinada con la intensidad de corriente suministrada por el equipo. Básicamente se compone de:

Devanadera o soporte del carrete.

Soporta el carrete de hilo, le permite girar pero a la vez lo frena para evitar que siga saliendo hilo una vez acabada la soldadura.

Guía del alambre.

Guía el alambre desde el carrete hasta el sistema de tracción.

Sistema de tracción del alambre.

Es el elemento que impulsa el alambre desde el carrete hasta la pistola; son dos rodillos que giran accionados por un motor.

Sistema de guiado y conector de la pistola.

Está formado por una serie de conductos y conductores eléctricos cuya función es:

- Desplazar el gas protector de la botella a la pistola.

- Desplazar el alambre desde el sistema de tracción hasta la pistola.

- Conectar eléctricamente la pistola con el equipo de soldadura.

- Conectar eléctricamente los cables de maniobra con el equipo.

Reductor de presión y caudalímetro.

A la salida de la botella, el gas protector se encuentra este dispositivo con doble función; por una parte, nos indica la presión de la botella y,

306

por otra, nos permite regular el caudal de salida de gas (Litros/minuto).

El caudal de gas protector debería de ser aproximadamente unas diez veces el diámetro del hilo del electrodo; si el caudal es el correcto, podremos proteger con garantías la soldadura.

Manómetro regulador de presión y caudalímetro

Se utilizan para asistir a máquinas semiautomáticas tipo M.I.G. MAG ó T.I.G. con aporte de alambre. El gas que asiste a esta máquina varía de acuerdo al material que se quiera soldar y según la calidad de soldadura que se quiera obtener. La regulación de caudal debe de se aproximadamente:

Diametro del hilo en mm.	Caudal en litros por minuto.
0,6	6
0,8	8
1	10
1,2	12
1,6	16

Pistola de soldar.

La pistola es el elemento que controla el proceso de la soldadura; por ella sale el gas que protege la soldadura, el hilo del material de aportación y la corriente que provoca el arco eléctrico. Hay dos tipos, que son los más usadas: las de cuello de cisne y la antorcha. Dependiendo del modelo, fabricante y solicitaciones a la que estará prevista, la pistola llevará o no refrigeración por agua.

El cuerpo de la pistola, que está aislado eléctricamente y es metálico, permite dirigir el hilo hasta el punto de soldadura.

El interruptor pone en marcha el sistema de soldeo, acciona la corriente eléctrica, da orden de apertura del gas y de alimentación del hilo del electrodo.

El tubo de contacto, que está situado en la punta de la pistola, dirige en el último tramo el hilo y le transmite la corriente eléctrica; al estar sometido a rozamiento y calor, es una pieza que tiene desgaste y hay que reponer con cierta asiduidad.

La boquilla que sujeta al tubo está sometida al exterior, debe ser resistente a los golpes y a la temperatura; está fabricada con materiales que no permiten la adherencia de las proyecciones de soldadura.

Botellas de gas de protección.

En la soldadura MIG se usan el Gas argón y el helio, como aplicación más extendida para soldar metales no férreos, aluminio, magnesio y sus aleaciones. La soldadura MAG emplea dióxido de carbono en estado puro o mezclado con argón o helio.

Argón

El argón es un gas incoloro, inodoro, insípido y no tóxico. El argón, junto con el helio, el neón, criptón, el xenón y el radón también es conocido como un "gas raro". El argón no forma ningún compuesto químico conocido. El gas es 1.38 veces más pesado que el aire y es ligeramente soluble en el agua.

Las aplicaciones del argón mas comúnmente utilizadas son basadas en sus propiedades inertes para protección contra el efecto oxidante del aire. El argón se usa ampliamente como un gas de protección en procesos de soldadura, ya sea soldando o cortando. También usa para llenar las lámparas incandescentes y fluorescentes.

En su presencia, el cebado de la soldadura es fácil y el arco se mantiene estable; tiene una baja conductividad térmica, lo que provoca que los cordones de soldadura sean estrechos y de poca penetración.

La ojiva de la botella de argón es de color amarillo.

Helio

El helio es otro miembro del grupo conocido como "gases raros", y no tiene ningún color, olor o sabor. El helio es el segundo elemento más ligero, mucho más ligero que el aire. Es químicamente inerte, tiene la solubilidad baja en el agua y no puede hacerse quemar o explotar. El helio es el líquido conocido más frío: -434.5° F.

Aunque es el segundo elemento más abundante, es difícil de extraer de su fuente. La mayoría del helio se extrae de fuentes de gas natural que contienen de 1% a 7% por el volumen. Estos tipos de depósitos de gas natural son poco comunes; sólo se encuentran en ciertas áreas de los Estados Unidos, Canadá, Polonia y Rusia. Linde está construyendo una nueva planta en Argelia que superará la capacidad de producción del mundo en un 10%.

Las aplicaciones de helio utilizan su frío, las propiedades inertes o flotantes, principalmente. Como un agente congelante, se usa el helio en la investigación científica básica, en resonancia magnética y en procesos de producción. También se usa en aplicaciones de corte y soldadura y en los equipos láser. En la detección de fugas, en el buceo profundo y, obviamente, en los globos.

Por su baja densidad presenta más dificultad para proteger el arco y da poca estabilidad y mal cebado al arco. Como tiene una conductividad térmica elevada permite realizar cordones de soldadura anchos y de buena penetración.

Dióxido de carbono

El dióxido de carbono es un gas ligeramente tóxico, inodoro, incoloro y con un sabor ligeramente picante, agrio. No soporta la combustión. Es 1.52 veces más pesado que el aire y es muy soluble en el agua, mientras forma ácido carbónico. El dióxido de carbono sublimará a la presión atmosférica, y a -109° F forma sólido (el hielo seco).

El dióxido de carbono se forma naturalmente por la descomposición de material orgánico, a través de la combustión, fermentación y digestión. También se produce como un derivado de muchos procesos industriales, como el funcionamiento de horno de cal y producción de materiales, incluso el amoníaco y magnesio.

El dióxido de carbono tiene muchas aplicaciones basadas en sus distintas propiedades. Se usa ampliamente en el sector de alimentos para congelar, y para el control del pH. También se usa en el área química, para el control de pH en las plantas de tratamiento de agua, como gas de protección en procesos de soldadura, estimula el crecimiento biológico y como un agente extintor de fuego.

Es económico y tiene alta conductividad térmica, permite un buen cebado y cordones con buena penetración; es el empleado en soldadura de los aceros tipo MAG.

2.7. Técnicas de soldadura eléctrica sobre metales férricos y aleaciones

Estudiaremos las tres técnicas más usadas en soldadura por arco eléctrico.

- Soldadura eléctrica en atmósferas naturales.

- Soldadura TIG.

- Soldaduras MIG y MAG.

Soldadura eléctrica en atmósferas naturales

Este tipo de soldadura usa como fuente de calor un arco voltaico entre el electrodo o la pieza; se ceba el electrodo manualmente, se rasca sobre una pieza de sacrificio haciendo saltar la chispa y calentando el aire en torno del electrodo, de esta manera es conductor de la electricidad y se puede establecer el arco.

Se utiliza en aparatos de soldar capaces de producir corriente alterna, también se suelda con corriente continua.

Para proteger la soldadura de la atmósfera usa la escoria y los gases producidos al fundir el electrodo y su recubrimiento.

Se usa para soldar chapas de espesores medianos y gruesos, tubería, estructura metálica, calderas, depósitos, maquinaria, etc. Es válido para soldar aceros al carbono, aceros aleados y aceros inoxidables.

Soldadura TIG

Es un proceso de soldadura homogéneo; usa como fuente de calor el arco eléctrico producido entre la pieza y el electrodo no consumible de tungsteno o sus aleaciones, llegando a alcanzar unos 4.500° C.

Aunque existen instalaciones semiautomáticas, las más extendidas son las manuales; se debe tener la precaución de mantener separado el electrodo de la pieza a soldar para evitar contaminaciones del mismo con el baño. La separación para producir el arco es de unos 3 mm., que aumentarán una vez el arco esté estable a 5 mm. Para producir el arco se activa un mecanismo que aumenta la frecuencia de la corriente eléctrica, fenómeno que produce un cebado correcto sin tener que hacer contacto entre la pieza y el electrodo.

Utiliza el gas argón o el helio como inertizante de la atmósfera. Se usa generalmente para el soldeo de espesores finos hasta 6 mm. Permitiendo la soldadura de todos los metales usados en la industria excepto el zinc, el berilio y sus aleaciones.

Soldadura MIG/MAG

La soldadura MIG, acrónimo de "Metal Inerte Gas", y la MAG, "Metal activo gas", se realizan utilizando el calor generado por un arco voltaico que se establece entre el electrodo de hilo y la pieza; su temperatura es de unos 4.500° C, trabaja con corriente alterna, con corriente continua, preferentemente de polaridad inversa.

Nos podemos encontrar instalaciones manuales, automáticas y semiautomáticas.

La soldadura MIG usa argón, helio o mezclas de ambos para proteger la atmósfera y la soldadura MAG usa el dióxido de carbono.

Se usa en la soldadura de espesores medios y gruesos de aceros y aluminio.

COMPARATIVA DE LOS DISTINTOS PROCESOS DE SOLDEO POR ARCO ELÉCTRICO		
Proceso ANSI/AWS-EN	Arco eléctrico con electrodo revestido. ANSI/AWS: **SMAW** EN: **111**	TIG (Tungsteno inerte gas) ANSI/AWS: **GTAW** AN: **141**	MIG/MAG (Metal Inerte Gas/ Metal Activo Gas) ANSI/AWS: **GMAW** EN: **131** (MIG) EN: **135** (MAG)
Fuente de calor	Arco voltaico entre electrodo y pieza. CA. Mayor economía CC: Arco más estable y mejor.	Arco voltaico entre electrodo no fusible y pieza (4.500°C) CA. Aluminio. CC. Polaridad directa el resto de metales.	Arco voltaico entre hilo y pieza (4.500°C) CC. Preferentemente polaridad inversa.
Mecánica	Proceso manual, al cebar el electrodo con la pieza salta el arco generando el calor necesario para fundir el alma del electrodo que hace de metal de aportación.	Proceso manual, debe mantenerse la distancia entre el electrodo no consumible y la pieza. El aporte también se realiza manualmente. Existen instalaciones semiautomáticas.	Proceso manual, pero también mecánico y semiautomático. El aporte se realiza de forma automática. La generación de corriente permite depositar material en vuelo libre o gotas.
Agente de recubrimiento	Proceso manual, al cebar el electrodo con la pieza salta el arco generando el calor necesario para fundir el alma del electrodo que hace de metal de aportación.	Gas inerte (Argón o Helio)	MIG (Gas inerte argon o helio) MAG (Gas activo Argón mezclado con dióxido de carbono)
Esquema		
Aplicaciones	Espesores medios y gruesos en aceros al carbono, aleados e inoxidables. Todo tipo de posiciones	Espesores finos (1-6 mm) Todos los metales de la industria mecánica excepto Zn y Be y sus aleaciones.	Espesores medios y gruesos. Aceros y aluminio.
Uso industrial	Soldadura homogénea de aceros al carbono. Aleados e inoxidables. Estructuras. Deposito, calderas, tuberías.	Metales ferrosos y soldadura de aceros aleados. Chapas, depósitos, tuberías	Soldadura homogénea de aceros al carbono e inoxidables Estructuras, cerrajería.

2.8. Normas de seguridad exigibles en el proceso de soldadura eléctrica

Riesgos a los que está sometido un operario que realiza soldadura eléctrica:

Contacto con la energía eléctrica.

Erosiones en las manos.

Cortes.

Quemaduras.

Golpes con fragmentos en el cuerpo.

Los derivados de la rotura del disco.

Los derivados de los trabajos con polvo ambiental.

Pisadas sobre materiales.

Ruido.

Radiación infrarroja.

Radiación ultravioleta.

Incendio.

Explosiones.

Humos metálicos (cadmio).

Dióxido de nitrógeno.

Monóxido de carbono.

Fluoruros.

Ozono.

Medidas preventivas:

- Elija siempre el disco adecuado para el material a rozar.

- No intente rozar en zonas poco accesibles ni en posición inclinada lateralmente; el disco puede fracturarse y producirle lesiones.

- No golpee con el disco al mismo tiempo que corta, por ello no va a ir más deprisa.

- Sustituya inmediatamente los discos gastados o agrietados.

- No desmonte nunca la protección normalizada del disco ni corte sin ella.

- Estarán protegidas mediante doble aislamiento eléctrico.

- En obras en construcción: el suministro eléctrico a la rozadora se efectuará mediante manguera anti-humedad a partir del cuadro general, dotada con clavijas macho-hembra estancas.

- No coja con las manos las piezas hasta que estén frías.

- Protéjase la vista de las chispas de soldadura en todo momento.

- No puntee la soldadura sin las gafas de protección.

- No apure excesivamente los electrodos de aporte manual.

- No apoye la pinza de soldar sobre cualquier zona que pudiera estar comunicada a masa.

- No toque nunca simultáneamente la pinza y la masa.

- No se realizarán trabajos de soldadura utilizando lentes de contacto.

- Se comprobará que las caretas no estén deterioradas, puesto que si así fuera no cumplirían su función.

- Verificar que el cristal de las caretas sea el adecuado para la tarea que se va a realizar.

- Para picar la escoria o cepillar la soldadura se protegerán los ojos.

- Los ayudantes y aquellos que se encuentren a corta distancia de las soldaduras deberán usar gafas con cristales especiales.

- Cuando sea posible, se utilizarán pantallas o mamparas alrededor del puesto de soldadura.

- Para colocar los electrodos se utilizarán siempre guantes, y se desconectará la máquina.

- La pinza deberá estar lo suficientemente aislada, y cuando esté bajo tensión deberá tomarse con guantes.

Equipo de Protección Individual a utilizar:

Casco protector en obras.

Calzado de seguridad.

Guante de cuero.

Gafas antiimpacto.

Protectores auditivos.

En su caso, mascarilla Tipo I contra el polvo.

Filtros en las pantallas de soldadura.

Pantalla de soldadura.

Descripción de algunos equipos de protección:

Filtros de las pantallas de soldadura

Los filtros de las pantallas de soldadura son elementos que sirven para proteger la vista de las radiaciones nocivas que producen los procesos de soldadura. Éstos deben proteger de los rayos UV producidos por el arco eléctrico y de las radiaciones visibles producidas por la fusión de metales en la soldadura a la llama y en el oxicorte. Deben estar certificados por la norma EN 169, y así debe constar mediante un grabado en el propio filtro junto con el marcado CE.

La calidad óptica y la coloración verdosa permiten una visión sin distorsiones e impiden el cansancio de la vista en todos los procesos de soldadura y corte.

Los cubrefiltros colocados en la parte anterior del filtro están destinados a prolongar la vida útil del filtro. Pueden ser incoloros o con tratamiento específico anticalórico, pero en cualquier caso deben estar certificados bajo la Norma EN 166. Ésta debe encontrarse grabada en el propio cubrefiltro junto con el marcado CE.

Para obtener una adecuada protección ha de utilizarse la tonalidad de cristal adecuada a cada proceso de soldadura y corte, según detallamos en la tabla siguiente.

Puede ser peligroso usar filtros de un grado de protección demasiado elevado (demasiado oscuro) porque esto obligaría al operario a mantenerse demasiado cerca de la fuente de radiación y respirar humos nocivos.

Los ayudantes de soldadores o las personas que permanezcan en las zonas donde se efectúan trabajos de soldadura deben ser protegidos; a estos efectos, pueden utilizarse los filtros de grado de protección 1,2 a 4. Si el ayudante del soldador se encuentra a la misma distancia del arco que el soldador, debe utilizar un filtro con igual grado de protección que el soldador.

Pantallas de soldadura-oxicorte para protección facial

Las pantallas de soldadura son el soporte físico en el que han de ir encajados los filtros y cubrefiltros de soldadura, además de ofrecer una protección adicional a la cara además de a los ojos.

Existen diversos modelos a elegir, desde las pantallas de soldadura de

314

mano,, pasando por las pantallas de soldadura de cabeza hasta las pantallas de soldadura con casco incorporado.

Las pantallas de soldadura deben estar certificadas bajo la norma EN 175, y ésta, junto con el marcado CE, debe encontrarse grabada en la propia pantalla.

Guante de protección para soldadura

Un guante de protección para soldadura es aquel que protege a la persona que está realizando la soldadura de padecer cualquier tipo de contacto térmico o agresión de tipo mecánica derivada de este tipo de actividad.

Cuando hablamos de soldadura nos referimos tanto a soldadura al arco eléctrico como a soldadura oxiacetilénica.

Marcados y qué normas deben cumplir los guantes de protección para soldadura

Aparte del obligatorio marcado CE conforme a lo dispuesto en el RD 1407/1992 y modificaciones posteriores, el guante debe ir marcado con los siguientes elementos, según lo exigido en la norma UNE- EN 420:

A. Nombre, marca registrada u otro medio de identificación del fabricante o representante autorizado.

B. Denominación del guante (nombre comercial o código, que permita al usuario identificar el producto con la gama del fabricante o su representante autorizado).

C. Talla.

D. Fecha de caducidad, si las prestaciones protectoras pueden verse afectadas significativamente por el envejecimiento.

Además, se marcará con los correspondientes pictogramas según las normas UNE EN 388 y UNE EN 407:

Mecánica según norma EN 388	Térmica según norma EN 407
A B C D	A B C D E F
A: resistencia a la ABRASIÓN 4650 ciclos. NIVEL 3 **B**: resistencia al CORTE factor 4.0. NIVEL 2. **C**: resistencia al DESGARRO 88 N. NIVEL 4. **D**: resistencia a la PENETRACIÓN 186 N. NIVEL 4	**A**: INFLAMABILIDAD: NIVEL 4. **B**: calor por CONTACTO: 64 seg (100ºC). NIVEL 1. **C**: calor CONVECTIVO: HT1 11 seg. NIVEL 3 **D**: calor RADIANTE: 20 seg. NIVEL 1. **E**: salpicaduras de METAL FUNDIDO: > 35 gotas. NIVEL 4. **F**: grandes proyecciones de metal fundido: no adecuado frente a este riesgo.

Prestaciones

Los guantes de protección para labores de soldadura deberán cumplir con resistencia a la abrasión, resistencia al rasgado, resistencia al corte y resistencia a la penetración (Norma UNE EN 388).

Por otro lado, deberá proteger contra el calor de contacto, el calor radiante, el calor convectivo y contra cierto nivel de salpicaduras de metal fundido (Norma UNE EN 407).

No deberá usarse este tipo de guantes en puestos en los que los riesgos presentes no sean los propios de labores de soldadura o de riesgos mecánicos, como por ejemplo, riesgos químicos o eléctricos.

El guante de protección para labores de soldadura será un guante que reunirá las siguientes características:

- Será un guante de 5 dedos (no manoplas).

- Será de cuero serraje cuprón curtido al cromo o de palma en flor vacuno. En ambos casos será de un mínimo de 1.5 mm de espesor extra flexible (la piel de vacuno es la que mejores niveles de prestaciones y protecciones ofrece frente a los riesgos que se pueden presentar durante el desarrollo de labores de soldadura).

- Deberá contar con manga larga de serraje crupón curtido al cromo de unos 20 cm.

- Deberá estar totalmente forrado.

- Deberá estar cosido en su totalidad por hilo Kevlar, estando a su vez las costuras protegidas.

- Deberá poder lavarse industrialmente en seco cuando su estado así lo aconseje.

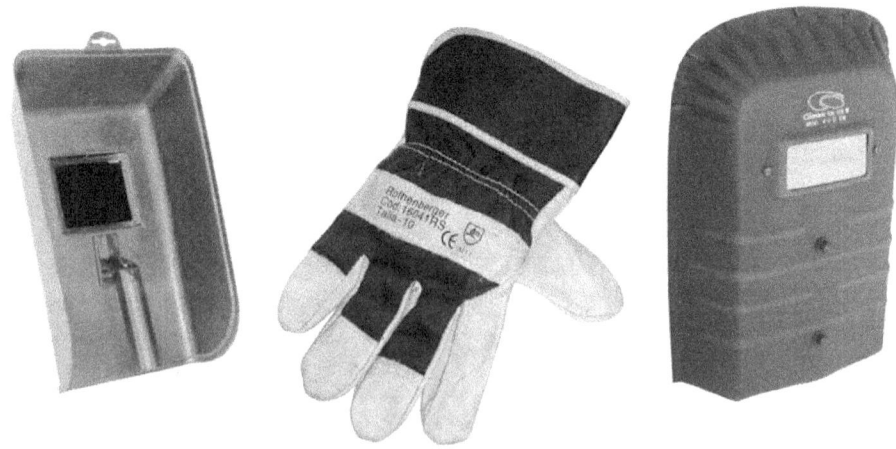

Prendas de protección para soldadura

Las prendas de protección para labores de soldadura tienen por objeto proteger al usuario contra las pequeñas proyecciones de metal fundido y el contacto de corta duración con una llama, y están destinadas a llevarse continuamente 8 horas a temperatura ambiente, pero no protegen necesariamente contra las proyecciones gruesas de metal en operaciones de fundición.

Marcados y qué normas deben cumplir las prendas de protección para soldadura

Aparte del obligatorio marcado CE, conforme a lo dispuesto en el RD 1407/1992 y modificaciones posteriores, las prendas deben ir marcadas con los siguientes elementos, según lo exigido en la norma UNE- EN 420:

- Nombre, marca registrada u otro medio de identificación del fabricante o representante autorizado.

- Denominación del tipo de producto, nombre comercial o referencia.

- Talla.

- Normas aplicables.

- Variación dimensional (sólo si es superior al 3%).

- Iconos de lavado y mantenimiento.

- Nº máximo de ciclos de limpieza.

- Se marcará con el correspondiente pictograma según la norma UNE EN 470-1:

A: INFLAMABILIDAD: NIVEL 4.
B: calor por CONTACTO: 64 seg (100ºC). NIVEL 1.
C: calor CONVECTIVO: HT1 11 seg. NIVEL 3.
D: calor RADIANTE: 20 seg. NIVEL 1.
E: salpicaduras de METAL FUNDIDO: > 35 gotas. NIVEL 4.
F: grandes proyecciones de metal fundido: no adecuado frente a este riesgo.

A B C D E F

Prestaciones

Para que una prenda ofrezca protección a cualquier persona que esté efectuando labores de soldadura deberá cumplir los siguientes requisitos:

a) Propagación limitada de la llama:

- No arderá nunca hasta los bordes.

- No se formará agujero.

- No se desprenderán restos inflamados o fundidos.

- El tiempo de postcombustión será menor o igual a 2 segundos.

- El tiempo medio de incandescencia será menor o igual a 2 segundos.

b) Resistencia a pequeñas proyecciones de metal fundido: se deben necesitar al menos 15 gotas de metal fundido para elevar en 40º C la temperatura de la prenda.

No deberá usarse este tipo de prendas en puestos en los que los riesgos presentes no sean los propios de labores de soldadura, como por ejemplo, riesgos químicos o eléctricos.

Se deben tener también en cuenta una serie de requisitos de diseño:

- Chaquetas suficientemente largas para cubrir la parte alta del pantalón y puños ajustables.

- Bajos del pantalón sin pliegues.

- Prendas preferentemente sin bolsillos o, en su defecto, bolsillos interiores. Los pantalones, únicamente con bolsillos laterales. El resto, con cartera cerrada.

- Cierres metálicos exteriores recubiertos o tapados y de apertura rápida.

Aparte de los requisitos de diseño, también son de importancia los requisitos generales del material del que están fabricadas las prendas:

a) Propiedades mecánicas:

- Resistencia a la tracción.

- Resistencia al desgarro.

b) Variación dimensional:

- Textiles: máximo 3% en largo y ancho.

- Cuero: máximo 5%.

c) Requisitos suplementarios para el cuero:

- Contenido en materias grasas: máximo 15%.

- Espesor: mínimo 1 mm.

3. SOLDADURA Y CORTE OXIACETILÉNICO

3.1. Soldadura oxiacetilénica: Concepto y tipos

La soldadura por gas o con soplete utiliza el calor de la combustión de un gas o una mezcla gaseosa, que se aplica a las superficies de las piezas y a la varilla de metal de aportación. Este sistema tiene la ventaja de ser portátil ya que no necesita conectarse a la corriente eléctrica. La mezcla gaseosa utilizada es oxiacetilénica (oxígeno/acetileno).

La llama alcanza 3.100° C y los gases que desprenden protegen a la soldadura; es utilizada para soldar acero al carbono hasta 6 mm. de espesor: chapas, tubos, etc.

Se realiza tanto como soldadura homogénea como heterogénea por procedimientos mecanizados en la industria

Las formas características de las llamas utilizadas en la soldadura autógena para metales y aleaciones de alto punto de fusión, así como las temperaturas obtenidas en distintos puntos de una llama oxiacetilénica normal.

Llama oxiacetilénica.

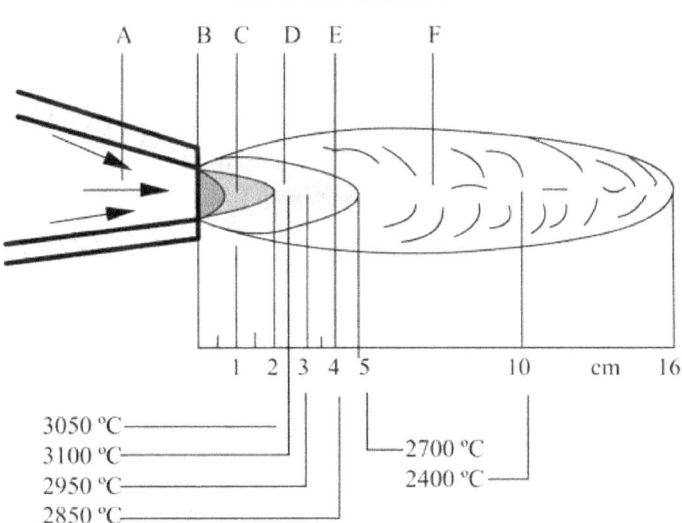

La **zona A**, es la boquilla, por donde salen los gases mezclados a una cierta velocidad, para ser quemados a la salida.

La **zona B**, a la salida de la boquilla, en forma de cono de color azul, llamada base de la llama; es donde la mezcla de los gases se calientan hasta la temperatura de inflamación, o encendido.

La **zona C**, es una zona muy delgada donde la temperatura aumenta bruscamente.

En la **zona D**, es donde los gases alcanzan su máxima temperatura, siendo esta zona la que se utiliza para la fusión de los metales en la soldadura.

319

La zona E, es la que determina la calidad de la llama; según esta zona nos dirá si la llama es reductora, oxidante o carburante.

En las llamas más comúnmente empleadas, esta zona es y se denomina reductora.

La **zona F**, es la zona que envuelve, y prolonga las zonas anteriores, y se llama penacho.

Características térmicas de la llama oxiacetilénica:

En la figura se muestra una escala en centímetros de las temperaturas obtenidas por medición en distintos puntos de una llama oxiacetilénica normal.

La temperatura de una llama debe sobrepasar en mucho la de fusión del metal a soldar, si esto no fuese así, no alcanzaríamos, la temperatura de fusión.

El sistema de soldadura oxiacetilénica, o autógena, es un sistema que actualmente, y cada vez más, está en desuso; es caro y poco rentable, sólo se utiliza en trabajos de mantenimiento, muy especiales, como pueden ser la soldadura de piezas de latón en la reparación de piezas, y en casos puntuales, por falta de repuestos, y en la soldadura dura por CAPILARIDAD.

La soldadura por capilaridad se logra de la siguiente manera: en las partes a soldar de las piezas, se añade un decapante líquido, que limpia la superficie donde se deposita el metal de aportación; en otros casos se calienta la barilla de aportación, con el soplete y se moja ésta en un decapante en polvo, que se llama Boras; actualmente las barillas vienen con un revestimiento que al mismo tiempo es decapante, y tanto el líquido, el polvo, como el revestimiento, hacen que la superficie a soldar quede limpia, para que el metal de aportación al fundirse penetre entre la separación de las piezas que se tienen que soldar.

Esta penetración es debida a la capilaridad, que es la propiedad que tienen los cuerpos líquidos de presentar una tendencia a penetrar en los espacios pequeños cuando las superficies están mojadas.

Ejemplo: el terrón de azúcar, o la gasolina que sube por la mecha del mechero.

La soldadura por capilaridad, es fácil de realizar, se hace a bajas temperaturas; en algunos casos basta calentar con el soplete las piezas a unir, y arrimando el metal de aportación a las piezas, éste se derrite y penetra por las separaciones a unir.

Características de los elementos de la soldadura oxiacetilénica

Manorreductores

Pueden ser de uno o dos grados de reducción, en función del tipo de palanca o membrana. La función que desarrolla es la transformación de la presión de la botella de gas (150 atm) a la presión de trabajo (de 0,1 a 10 atm) de forma constante.

Soplete

Efectúa la mezcla de gases. Puede ser de alta presión, en la que la presión de ambos gases es la misma, o de baja presión, en la que el oxígeno tiene una presión mayor que la del acetileno.

Las partes de un soplete son:

- Conexiones a las mangueras.

- Dos llaves de regulación.

- Inyector.

- Cámara de mezcla.

- Boquilla

Válvulas antirretroceso

Sólo permiten el paso del gas en un sólo sentido, impidiendo que la llama pueda retroceder.

Conducciones

Son las mangueras, y pueden ser rígidas o flexibles.

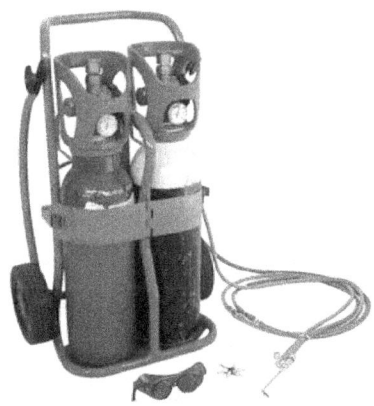

3.2. Simbología utilizada en las técnicas de soldadura oxiacetilénica

La simbología estudiada para soldadura eléctrica también es de aplicación a la soldadura oxiacetilénica.

3.3. Materiales de aportación según el material que se va a soldar

La soldadura oxiacetilénica puede ser homogénea o heterogénea, es decir homogénea si el material de aportación es el mismo que el de aporte y heterogénea si es distinto o se sueldan materiales distintos.

En la siguiente tabla se indican los materiales de aportación aconsejados en función del material a soldar.

MATERIAL BASE	MATERIAL DE APORTE	FUNDENTE	TIPO DE LLAMA
ACERO BAJO CARBÓN HIERRO GALVANIZADO	ACERO BAJO CARBONO	NO	NEUTRA
HIERRO FUNDIDO GRIS	ACERO BAJO CARBONO	SI	NEUTRA
ACERO INOXIDABLE AL CROMO-NIQUEL ACERO AL CROMO	SIMILAR O 25-12 CON COLUMBIO	SI	NEUTRA
ACERO ALTO CARBONO	ACERO AL CARBONO	NO	CARBURANTE
ALUMINIO	ALUMINIO PURO O AL SILICIO	SI	CARBURANTE
ACERO BAJO CARBÓN HIERRO GALVANIZADO HIERRO FUNDIDO GRIS HIERRO FUNDIDO MELEABLE	BRONCE	SI	LIGERAMENTE OXIDANTE

3.4. Preparación de las piezas que se van a soldar

Es importante que las piezas a soldar estén limpias y exentas de óxidos, aceites y grasas, ya que si no fuese así, se producirían poros.

Cuando el espesor de las chapas es inferior a 7 mm. no es necesario achaflanar las piezas.

Para las chapas de menos de 5mm. los bordes se pueden disponer juntos, sin separación.

Las chapas de más de 20 mm. se les debe sacar chaflán doble, en "v" con un ángulo de 35° a 45°.

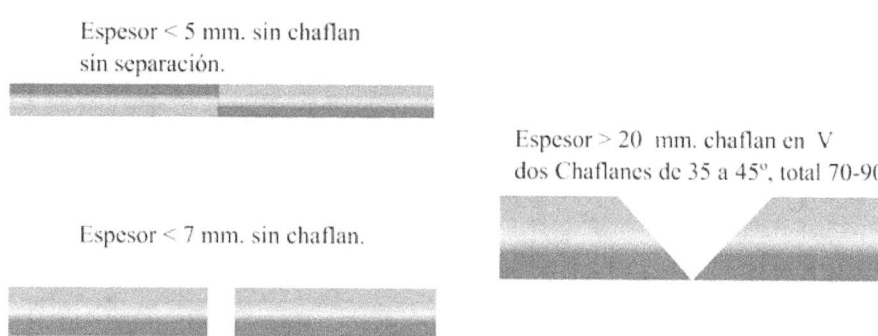

Espesor < 5 mm. sin chaflan sin separación.

Espesor > 20 mm. chaflan en V dos Chaflanes de 35 a 45°, total 70-90°.

Espesor < 7 mm. sin chaflan.

3.5.Técnicas de soldadura oxiacetilénica sobre metales férricos

Como la mayoría de las personas sujetan el soplete con la mano derecha y la varilla de material de aporte con la izquierda, definimos las técnicas de soldeo como a derechas e izquierdas.

Soldadura a izquierdas

Se usa esta técnica en los metales férricos sólo para soldaduras de poco espesor, chapas inferiores a 5 mm.

Es un proceso sencillo: el soplete avanza siguiendo a la varilla.

Soldadura a derechas.

Se emplea fundamentalmente en metales férricos de alto espesor, permite dar más calor a la pieza, consume menos combustible y da buen aspecto a la soldadura.

3.6. Técnicas de soldadura oxiacetilénica sobre aleaciones

Las aleaciones no férricas presentan un punto de fusión más bajo que las férricas, por ese motivo requieren menos calor en la soldadura, lo que permite soldarlas con la técnica de soldadura a izquierdas.

3.7. Técnicas de corte con soplete oxiacetilénico

De la misma manera que se usa el calor del soplete para fundir las piezas, también se puede usar para cortarlas. Las técnicas de corte varían: desde manuales, a pulso del operario, hasta completamente automatizadas con sopletes dirigidos por máquinas de control numérico.

Los cortes de poca responsabilidad se suelen realizar a pulso; cuando se quiere realizar un círculo se coloca el soplete sobre un útil llamado carro guía o compás.

Esta técnica se basa en el corte por fundición de la pieza, provoca una grieta de entre 1 y 2 mm. y permite cortar piezas de cualquier espesor.

Las piezas gruesas son sometidas a grandes temperaturas que provocan cambios en la estructura del material; posteriormente deben de ser sometidas a un proceso térmico de revenido en horno para eliminar las tensiones acumuladas.

3.8. Normas de uso y seguridad exigibles en el proceso de soldadura oxiacetilénica

Los gases en estado comprimido son indispensables para la mayoría de los procesos de soldadura. La base de la soldadura oxiacetilénica es la mezcla del oxígeno con acetileno.

A pesar de que los recipientes que contienen estos gases comprimidos son seguros, se siguen dando muchos accidentes por no respetar les normas dadas al manejo de éstos.

En este trabajo se verán los distintos riesgos y factores de riesgo asociados a este tipo de soldadura, normas para el almacenamiento y manipulación de las botellas de gases inflamables y elementos que componen los equipos de soldadura oxiacetilénica.

Riesgos y factores de riesgo

Soldadura:

- Incendio y/o explosión durante el encendido y apagado, por utilizar mal el soplete o estar mal montado.

- Exposiciones a radiaciones peligrosas para los ojos y procedentes de la llama o del metal incandescente.

- Quemaduras por salpicaduras del metal incandescente.

- Exposiciones a humos y gases de soldadura.

Almacenamiento y manipulación de botellas:

- Incendios o explosiones por fugas o sobrecalentamientos incontrolados.

- Atrapamientos diversos en la manipulación de botellas.

Normas de seguridad frente a incendios / Explosiones en trabajos de soldadura

Normas de seguridad generales:

- Prohibido soldar en zonas donde haya materiales inflamables o donde exista un riesgo de explosión.

- Limpiar con agua caliente y desgasificar con vapor los recipientes que hubiesen contenido material inflamable.

- Controlar que las chispas producidas por el soplete no caigan sobre botellas, mangueras o líquidos inflamables.

- No utilizar el oxígeno para limpiar o soplar piezas.

- Si una botella de acetileno se calienta puede explosionar, por lo que habrá que cerrar bien el grifo de ésta y enfriarla con agua.

- Después de un retroceso de llama o un incendio del grifo de la botella habrá que comprobar que la botella no se calienta sola.

Normas de seguridad específicas:

- **Botellas**:

    - Deben estar perfectamente identificadas.

    - Las botellas de acetileno deben estar en posición vertical, al menos doce horas antes de su utilización

    - Las botellas de acetileno deben situarse de forma que sus bocas de salida apunten a direcciones opuestas.

    - Las botellas en servicio deben estar a una distancia de al menos 5 ó 10 m de la zona de trabajo.

    - Antes de empezar el trabajo, comprobar que el manómetro marca cero con el grifo cerrado.

    - Si el grifo se atasca no se debe forzar sino devolver al proveedor.

    - Antes de colocar el manorreductor hay que purgar el grifo de la botella.

    - Las botellas no deben consumirse totalmente pues podría entrar aire en ésta.

    - Cerrar siempre las botellas después de cada sesión de trabajo, así como descargar el manorreductor, soplete y mangueras.

    - No sustituir las gomas de junta por otras de plástico o cuero.

- **Mangueras**:

  - Deben estar siempre en buenas condiciones y bien sujetas a las tuercas de empalme.

  - Las mangueras azules deben estar sujetas al oxígeno, y las rojas o negras al acetileno (de mayor diámetro que las de oxígeno).

  - No deben estar en vías de circulación de vehículos si no están protegidas.

  - Antes de iniciar la soldadura, comprobar que no tienen fugas con agua jabonosa.

  - No se debe trabajar con las mangueras apoyadas sobre los hombros o entre las piernas.

  - Después del retroceso de una llama se debe comprobar que las mangueras no tengan daños.

- **Soplete**:

  En ningún caso se golpeará con él.

  En la operación de encendido:

  - Abrir lentamente y ligeramente la válvula del soplete correspondiente al oxígeno.

  - Abrir lentamente la válvula del acetileno alrededor de 3/4 de vuelta.

  - Encender la mezcla.

  - Aumentar la entrada del combustible hasta que la llama no despida humo.

  - Acabar de abrir oxígeno según necesidades.

  - Verificar el manorreductor.

  - Al apagar, debe cerrarse primero el acetileno y luego el oxígeno.

  No debe apoyarse nunca el soplete sobre las botellas.

  La reparación de los sopletes deben hacerlas técnicos especializados.

  Limpiar periódicamente las toberas porque la suciedad facilita el retroceso de la llama.

  Si el soplete tiene fugas, no utilizarlo.

- **Retorno de la llama**:

  En este caso:

  Cerrar la llave de paso del oxígeno para interrumpir la alimentación de la llama interna.

  Cerrar la llave de alimentación del acetileno y después las válvulas de ambas botellas.

  En ningún caso doblar las mangueras para interrumpir el paso del gas.

Normas de seguridad frente a otros riesgos en trabajos de soldadura

Exposición a radiaciones:

Para proteger adecuadamente los ojos se utilizan filtros y placas filtrantes que deben reunir una serie de características dadas en unas tablas:

- Los valores y tolerancias de transmisión de los distintos tipos de filtros y capas filtrantes de protección ocular frente a la luz de intensidad elevada.

- Para elegir el filtro adecuado en función del grado de protección se utilizan unas tablas que relacionan el tipo de trabajo de soldadura realizado con los caudales de oxígeno (operaciones de corte) o los caudales de acetileno (soldaduras).

Será muy conveniente el uso de placas filtrantes fabricadas de cristal soldadas que se oscurecen y aumentan la capacidad de protección en cuanto se enciende el arco.

Exposición a humos:

Se trabajará a ser posible en zonas preparadas con un sistema de ventilación o extracción de humos.

Es recomendable que los trabajos de soldadura se realicen en lugares fijos.

El caudal de aspiración de una mesa de trabajo es recomendado que sea de 2000m3/h por metro de longitud de la mesa.

Cuando es preciso desplazarse para soldar piezas de gran magnitud se deben utilizar sistemas de respiración desplazables.

Normas de seguridad en el almacenamiento y la manipulación de botellas

Normas reglamentarias de manipulación y almacenamiento:

- **Emplazamiento**:

  No deben ubicarse en locales subterráneos o en lugares con comunicación directa con los sótanos, huecos de escaleras, pasillos...

  Los suelos deben ser planos, de material difícilmente combustible y con características tales que mantengan el recipiente en perfecta estabilidad.

- **Ventilación**:

  En las áreas de almacenamiento cerradas, la ventilación será suficiente y permanente, para lo que deberán disponer de aberturas y huecos en comunicación directa con el exterior y distribuidas convenientemente en las zonas altas y bajas. La superficie total de las aberturas será de al menos 1/18 de la superficie total del área de almacenamiento.

- **Medidas complementarias**:

  - Utilizar códigos de colores normalizados para identificar y diferenciar el contenido de las botellas.

  - Proteger las botellas contra temperaturas extremas.

  - Evitar choques y golpes en las botellas.

  - Las botellas con caperuza fija no deben asirse por ésta.

  - No deben arrastrarse, deslizarse o hacer rodar en posición horizontal. Lo más seguro es moverlas con carretillas especiales para ellas. En caso de no disponer de ellas, las botellas deben desplazarse haciéndolas rodar en posición vertical y sobre su propia base.

  - No manejar las botellas con manos o guantes grasientos.

  - Almacenar siempre en posición vertical.

  - No almacenar botellas que presenten cualquier tipo de fuga. Las botellas llenas o vacías se almacenarán por separado.

  - Manipular todas las botellas como si estuviesen llenas.

  - Si una botella de acetileno permanece accidentadamente en posición horizontal, se debe poner en vertical, al menos doce horas antes de ser utilizada.

  - Cuando existan materiales peligrosos o inflamables deben almacenarse al menos a 6 metros de distancia.

Normas reglamentarias sobre separación entre botellas de gases inflamables y otros gases:

Las botellas de oxígeno y de acetileno deben almacenarse por separado con una distancia mínima de 6 metros, siempre que no exista un muro de separación.

Si el muro existiese:

Muro aislado:

La altura del muro debe ser de 2 metros como mínimo y 0,5 por encima de la parte superior de las botellas. Además, la distancia desde el extremo de la zona de almacenamiento en sentido horizontal y la resistencia al fuego del muro es función de la clase de almacén.

Muro adosado a la pared:

Se debe cumplir lo mismo que en el anteriormente mencionado con la excepción que las botellas se pueden almacenar junto a la pared y la distancia en sentido horizontal sólo se debe respetar entre el final de la zona de almacenamiento de botellas y el muro de separación.

RESUMEN

Como hemos visto, las uniones soldadas son uniones desmontables que se pueden aplicar tanto a los metales como a los plásticos.

Es difícil encontrar una máquina o instalación en la que la soldadura, de un tipo u otro, no aparezca, por lo que resulta imprescindible el dominio de alguna técnica o varias para realizar cualquier instalación.

Especialmente en la soldadura de metales, las técnicas pueden llegar a ser complejas llegándose a convertirse en una especialización laboral el dominio de estas técnicas, incluso hay profesionales que llegan a trabajar toda su vida laboral soldando en una especialidad determinada.

En el mundo de las instalaciones es muy conocida la profesión de tubero, este operario es un verdadero especialista en el montaje de tubo soldado.

Otras técnicas, como la soldadura blanda de plásticos y tubería metálica resultan más sencillas y asequibles y prácticamente todos los operarios dedicados al mundo de la instalación las dominan.

CUESTIONARIO DE AUTOEVALUACIÓN

1. Elabora una tabla con la relación de los materiales soldables con técnica blanda indicando el material de aportación, temperatura de fusión y equipo que hay que utilizar en el soldeo.

2. Qué acciones se realizan para limpiar una unión por soldadura blanda.

3. Busca información en catálogos comerciales u otra bibliografía e indica cómo se realiza una prueba de estanqueidad en una tubería de cobre soldada con soldadura blanda.

4. Cuándo una soldadura se considera blanda.

5. Diferencias fundamentales entre soldadura eléctrica por arco y la soldadura oxiacetilénica.

6. Define y explica el proceso de soldadura MIG.

7. Exponer las diferencias entre soldadura MIG y soldadura MAG.

8. Qué gas o gases son usados en la soldadura TIG.

9. En la soldadura TIG, ¿es necesario usar material de aportación? ¿Por qué?

10. ¿Se puede soldar una tubería de PVC con soldadura TIG? ¿Por qué?

11. Explica qué medidas de seguridad se tienen que emplear en la soldadura TIG y la ropa de trabajo que deberá llevar el operario.

TÉCNICAS DE MECANIZADO
Montaje y mantenimiento

Miguel D'Addario

2016

Comunidad
Europea